U0198151

面向新工科的电工电子信息基础课程系列教材

教育部高等学校电工电子基础课程教学指导分委员会推荐教材

IMT-2020（5G）工作组专家推荐教材

重庆市高校一流本科课程配套教材

现代通信技术

刘丹平　主　编

唐明春　贾云健　副主编

清华大学出版社

北京

内 容 简 介

本书从最原始的通信系统谈起,细致地勾勒出数字通信技术的发展脉络;注重通信技术发展的内在逻辑,多角度呈现微波通信系统、卫星通信系统、光纤通信系统的基本特征,并阐明它们的关键技术,最后把这些技术归结到对移动通信系统的讨论,从而突破5G关键技术的学习难点。

本书采用易于动手的程序,由易到难地安排PCM技术、基带传输技术、二进制数字调制技术、卷积码编译码技术、高阶调制技术、CDMA技术、光纤传输技术、OFDM技术和Polar码编译码技术的仿真实验,帮助读者快速把握现代通信技术的特点,轻松理解5G关键技术,从而弄清现代通信技术的发展趋势。

本书可作为电子信息类等专业的"现代通信技术"课程教材,也可供相关领域的兴趣爱好者、工程技术人员参考。

图书在版编目(CIP)数据

现代通信技术/刘丹平主编.—北京:清华大学出版社,2023.3(2025.1重印)
面向新工科的电工电子信息基础课程系列教材
ISBN 978-7-302-62696-1

Ⅰ.①现… Ⅱ.①刘… Ⅲ.①通信技术-高等学校-教材 Ⅳ.①TN91

中国国家版本馆 CIP 数据核字(2023)第 026844 号

责任编辑:文 怡
封面设计:王昭红
责任校对:申晓焕
责任印制:沈 露

出版发行:清华大学出版社
    网 址:https://www.tup.com.cn,https://www.wqxuetang.com
    地 址:北京清华大学学研大厦 A 座 邮 编:100084
    社 总 机:010-83470000 邮 购:010-62786544
    投稿与读者服务:010-62776969,c-service@tup.tsinghua.edu.cn
    质量反馈:010-62772015,zhiliang@tup.tsinghua.edu.cn
    课件下载:https://www.tup.com.cn,010-83470236
印 装 者:三河市龙大印装有限公司
经 销:全国新华书店
开 本:185mm×260mm 印 张:13.5 字 数:315 千字
版 次:2023 年 5 月第 1 版 印 次:2025 年 1 月第 2 次印刷
印 数:1501~2000
定 价:59.00 元

产品编号:098273-01

当今世界,通信技术与各行各业深度融合,通信设备随处可见,这些设备已成为 21 世纪最重要的标志,它无时无刻不提示着:现代通信技术正改变着人们的生活方式和生产方式。

然而,现有的通信系统正变得越来越复杂,面对 5G 技术,即使是通信相关专业的学生也感到无所适从。我们一直在思考如何让学生在较短的时间轻松入门现代通信技术。事实上,这个问题已经引起了社会的关注,《大话通信》《大话无线通信》和《大话移动通信》等成为畅销书就是明证。

多年的教学实践让我们逐步悟出了一些道理:

(1)回顾历史是为了理解"当下"。虽然旧技术不能满足人们的需要,已经被新技术淘汰了,但是新技术往往是在旧技术的基础上发展起来的,如果鄙视旧技术,就无法理解新技术。

(2)尽量引入更多的 PK,在对比中讨论。通过多个维度的比较,能够活跃思维,发现问题所在,很快找准切入点,甚至是创新点。

(3)最直观的教育是引导学习者自己"走"一遍。"是不是懂了,去试一下。"考试也是"试",但不如自测,而虚拟的自测更舒服。

因此,我们形成了一套有效的教学方案:从最原始的通信系统谈起,细致地勾勒出数字通信技术的发展脉络;立足当前时代,多角度比较微波通信系统、卫星通信系统、光纤通信系统和移动通信系统,展示它们的各自特点;采用易于动手的程序,由易到难地安排 PCM 技术、基带传输技术、二进制数字调制技术、卷积码编译码技术、高阶调制技术、CDMA 技术、光纤传输技术、正交频分复用(OFDM)技术和 Polar 码编译码技术的仿真实验,从而直观地讨论现代通信的基本原理、基本方法和关键技术,帮助学习者快速把握现代通信技术的特点,轻松理解 5G 技术,从而弄清楚现代通信技术的发展趋势。

本书在编写过程中得到了重庆大学胡学斌、谭晓衡、曾浩、于彦涛等领导的关怀和支持,在此表示由衷的谢意。

由于我们水平有限,书中肯定存在不足之处,恳请广大读者批评指正。

2023 年 4 月

目录

大纲＋课件

源代码＋测试题

目录

第

1章

现
代
通
信
概
述

【要求】

①掌握通信系统和现代通信概念；②理解现代通信的特点。

当前，手机似乎成为我们身体的一部分，如果突然没有信号了，将会非常不习惯。手机究竟是怎么工作的？它有哪些关键技术，如何才能轻松理解这些关键技术？让我们来学习现代通信技术吧。

视频

1.1 通信系统的概念

图 1-1 香农（C. E. Shannon，1916—2001）

香农（图 1-1）是信息论的奠基人，他说："通信的基本问题就是在一点准确地或近似准确地再现另一点所选择的消息。"这句话成了香农在他的惊世之作《通信的数学理论》中的一句名言。

这说明，通信就是消息的传递。常见的消息有文字、语音、音乐、图像、视频和计算机数据等。完成消息传递所需的全部设备和传输媒质的总和称为通信系统。

许多书上讲"通信是信息传递"，这里做一个解释：信息是抽象的，它是消息所包含的有意义的内容，实际上，通信系统是通过对消息的传递来实现信息的传递。

理解现代通信，最好从它的起源开始。人类最自然的交流方法是语音，下面以语音通信为主线，结合科学技术的发展，回顾通信的历史。

1.2 通信的历史回顾

语音通信经历了远古、近代和现代三个阶段的变迁。

1.2.1 远古通信系统

视频

带过孩子的人都知道，婴儿呱呱坠地，妈妈就渴望与他沟通；聪明的妈妈会细心观察，想弄明白：婴儿的哭叫有些什么特点？这些特点包含哪些方面？在这些问题的求解过程中，母亲和婴儿建立了原始的语音通信系统。

可以想象，远古的人类参与围猎，通过这种原始的语音通信系统，召唤同伴的支援和协助。因此，可以推断，这种利用嘴巴和耳朵的交流方式是当时最有效的通信方式。

原始的口-耳通信可用如图 1-2 所示的模型来解释：发话人是消息的来源，称为信源；语音通过空气传到对方，这种传递声波的通道称为信道；听话者听到后获得消息，是消息的归宿，称为信宿。这就构成了最简单的通信系统，它是利用声波来传递语音消息的通信系统。

图 1-2 原始的语音通信系统

随着人类社会组织的不断扩大，通信也变得越来越重要，亲人之间的思念关怀，国家之间的合纵连横，都离不开通信。根据出土的甲骨文记载，公元前14世纪的殷商时代，派将士防守边境，设置大鼓，一旦出现敌情，就命令守兵击鼓传信，一站接一站，把敌人入侵的紧急军情向天子报告。

这些通信方式主要通过听觉来实现，这就要求通信双方之间是可以听见的。生活常识告诉我们，这种原始的通信系统声音传播的距离非常有限，而且"信道"容易遭受风、雨、雷、电等天气因素的影响。

如何在干扰较大的环境下也能实现长距离通信？这就需要发展新技术。

1.2.2　近代通信系统

视频

1600年，英国人吉尔伯特总结了多年来关于磁的实验结果，并出版了《论磁学》。1732年，美国科学家富兰克林发现了电。电具有神奇的超距离作用，不管电线有多长，电流都可以神速通过。发现了电之后，才发明了电话。当时致力于发明电话的主要是安东尼奥·梅乌奇、亚历山大·贝尔和伊莱沙·格雷（图1-3）。1850—1862年，梅乌奇制作了"远距离传话筒"，他花10美元买了需要每年更新的"保护发明特许权请求书"。3年之后，他无力付费，请求书也随之失效。1876年2月14日，贝尔与格雷在同一天去美国专利局申请了终身专利，但在具体时间上贝尔比格雷早了2小时左右。

安东尼奥·梅乌奇　　　亚历山大·贝尔　　　伊莱沙·格雷

图1-3　电话发明人

1. 贝尔电话

贝尔的发明来自一个偶然的发现，1875年，贝尔在一次试验中把金属片连接在电磁开关上，声音奇妙地变成了电流（图1-4）。究其原因，金属片因声音而振动，在与其相连的电磁开关线圈中感生了电流。

贝尔电话如图1-5所示，话筒把声音变为原始电流，电流在导线中传输，听筒把接收到的电流转换为声音消息。电话通信系统模型如图1-6所示。

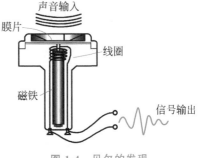

图1-4　贝尔的发现

注意，在这个模型中，发送端包括信源和输入变换器，输入变换器就是话筒；接收端包括输出变换器和信宿，输出变换器就是听筒。

原始的语音通信系统采用声音来传递消息，而贝尔电话则是把声音转化为电流，利

图 1-5　贝尔电话

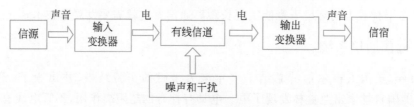

图 1-6　电话通信系统模型

用导线来传输电流,从而实现了语音消息的远距离传递。电话以电信号来传递声音,不仅传输速度快,而且准确可靠,几乎不受天气和环境的干扰,这种新技术获得了飞速发展。

2. 双绞线

1882 年,英国科学家休斯的新发现让电话的发展如虎添翼。他发现,把两根绝缘的

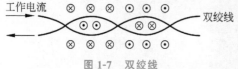

图 1-7　双绞线

⊙代表磁力线从纸面穿出;⊗代表磁力线从纸面穿入。

铜导线绞在一起,每一根导线在传输电信号时辐射出来的电波会与另一根导线上发出的电波相抵消,于是,电话普遍采用了双绞线(图 1-7)。

双绞线是人类第一次创造出来的理想信道,它能减少干扰,成本低,以至于今天还在广泛使用。

3. 基带传输

采用双绞线可以按照如图 1-8 所示的方法传递声音消息。话筒出来的原始电信号是模拟信号,其频率为 $300\sim3400\mathrm{Hz}$,接近零频率,称为基带信号。因此,这种消息传递的方式称为基带传输。基带传输是直接传输消息信号的传输方式。

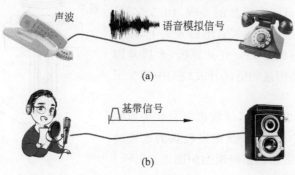

(a)

(b)

图 1-8　电话线基带传输

基带传输系统模型如图 1-9 所示,此处的信源具有产生声音消息和把声音消息转换

为原始电信号的作用。

语音通信一开始就在两个方向并行发展,一个是有线通信;另一个是无线通信,也就是利用电磁波的传播来传输消息。

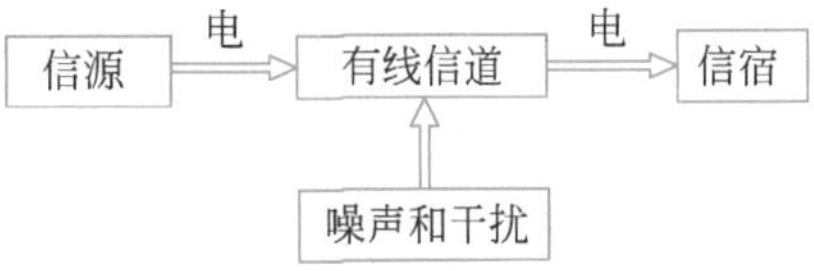

```
信源 ──电──→ 有线信道 ──电──→ 信宿
                 ↑
              噪声和干扰
```

图 1-9 基带传输系统模型

4. 无线广播

1893 年,尼古拉·特斯拉发明了无线电广播,让声音瞬间就可以传到大江南北。

如图 1-10 所示,无线广播是把频率为 $300\sim3400\text{Hz}$ 的基带语音信号转换为 $300\sim3003\text{kHz}$ 的频带信号来传输,这种传输方式称为频带传输。频带信号是指频带位于某较高频率附近的信号。把基带信号转换为频带信号需要采用调制技术,无线广播最重要的技术就是调制技术。

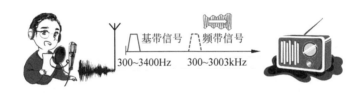

图 1-10 无线广播

5. 调制技术

如图 1-11 所示,调制就是把基带信号变换为适当的频带信号,然后利用天线将频带信号发射出去在大气中进行传输。

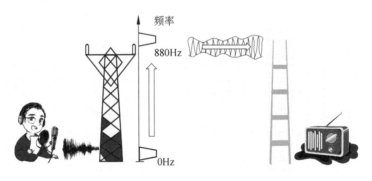

图 1-11 无线广播通信系统

调制的具体做法是以正弦波作为运载工具,也称为载波,用正弦波携带消息,数学描述为

$$S(t) = R(t)\cos[2\pi f_c t + \theta(t)] \tag{1-1}$$

由此可见,调制就是让 $S(t)$ 的 $R(t)$ 或者 $\theta(t)$ 按照一定的规律跟随消息变化。正弦波因为这种变化而转换为频带信号,携带了消息:用 $R(t)$ 携带消息称为幅度调制,用 $\theta(t)$ 携带消息称为角度调制。

图 1-12 是一个幅度调制,$c(t)$ 是高频载波,$f(t)$ 是消息信号,已调信号的幅度(又称

为幅包络)随着消息信号的幅度变化而变化。可以看到,经过调制,消息信号 $f(t)$ 的频谱从零频率附近被搬移到较高的频率 ω_c 处。

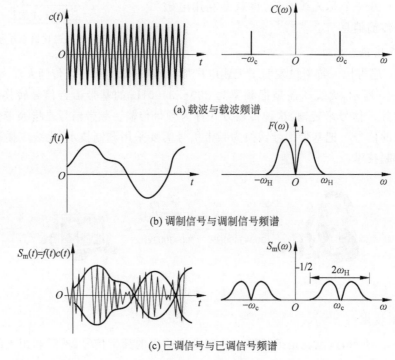

(a) 载波与载波频谱

(b) 调制信号与调制信号频谱

(c) 已调信号与已调信号频谱

图 1-12　抑制载波双边带调幅示意图

无线电波看不见,摸不准,但可以传得很远,调制用消息去改变电波的参数,就像为声音消息插上了隐形的翅膀,让它飞得更高,传得更远,实现了"顺风耳"。

6. 模拟通信系统

无线广播可抽象为如图 1-13 所示的模型:左端是发送端,右端是接收端,中间是自由空间信道。在发送端,信源中的话筒把播音员的语音变成原始电信号,然后经电台用高频振荡信号去"运载"原始电信号,最后再辐射出去;携带着消息的电磁波在自由空间中进行远距离传播;在接收端,接收器把接收到的传输信号解调为原始电信号,最后听筒把原始电信号还原为原来的消息。噪声源是信道噪声、干扰以及分散在通信系统其他各处的噪声的集中表示。

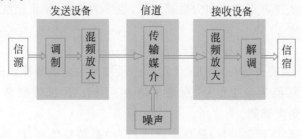

图 1-13　模拟通信系统模型

与基带传输的模型相比,无线信道传输的是频带信号,称为频带传输。该系统增加了发送设备(发送机)和接收设备(接收机)。发送机将信源产生的原始电信号变换成适合在信道中传输的信号,除了调制,还包括上变频、放大和滤波。接收机要从带有干扰的接收信号中恢复出相应的原始电信号,除了解调,还包括下变频、放大和滤波。

通信过程中,信号在从时间上看是连续不断的,信号的幅度也在一定范围内连续变化,这种信号称为模拟信号,这种通信系统称为模拟通信系统。

无线广播通过调制,将基带信号转化为较高频段的频带信号,不仅传输速度快,而且准确可靠,大大降低了时间、地点、距离等方面的限制。

7. 频分复用技术

调制将消息信号从低频搬移到高频,不仅提高了通信距离和抗干扰能力,同时为频分复用(FDM)技术开辟了道路。

1925 年,人们开始采用三路明线载波电话。载波电话的出现,改变了一条线路只能传送一路电话的状况,使一个信道上传送多路音频电话信号成为可能。

FDM 就是多个传输信号通过错开频率位置共用一条线路的频带资源的方法。图 1-14 是基于 FDM 的通信系统原理图,在一条线路上同时传输三路用户信号。

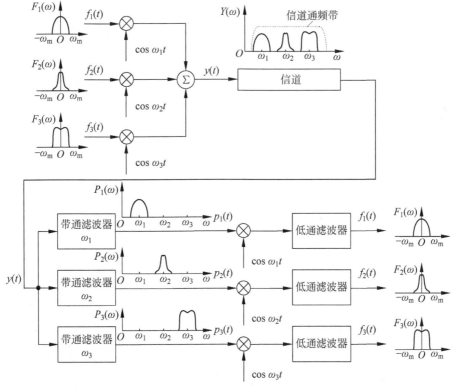

图 1-14 基于 FDM 的通信系统原理图

三个用户的语音信号分别经过频率为 ω_1、ω_2 和 ω_3 的三种不同载波调制,分别被搬移到三个不同的频率位置,相当于采用频率的不同给它们打上了标签,从而在一条线路上同时传输三路信号而不会混淆。而接收端,先经过中心频率分别为 ω_1、ω_2 和 ω_3 的带通滤波器进行滤波,取出三路用户的信号,再分别进行解调和低通滤波,就重新获得了三个用户的消息。

在通信系统的建设中,传输线路往往占大部分投资,如何提高线路利用率非常重要,复用技术为现代通信系统的建设提供了一条低成本方案。

8. 交换技术

我们都知道,多个用户会同时通话,那么多个用户如何同时进行通信?

如果按照点对点方式来进行语音通信,2 部电话相连需要 1 条专线(图 1-15(a)),6 部电话两两相连,需要 15 条专线(图 1-15(b))。N 部电话机两两相连,需 $N(N-1)/2$ 条专线。当有很多部电话机时,这种连接方法需要的电线数量与电话机数量的平方成正比。

图 1-16 是早期美国街道上空密密麻麻的电话线,如同蜘蛛网。采用专线的方法不仅浪费资源,而且造成布线困难,要新增用户会相当麻烦。那么如何解决这个问题?

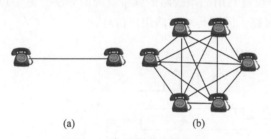

(a)　　　　　(b)

图 1-15　电话线的专线连接

图 1-16　早期美国街道上的电话线

想象许多车过十字路口,如果同时一起走,谁也别想过,采用红绿灯就可以了。交换机就像红绿灯,它指示用户的信号什么时候传,朝哪条路径传。在这里,"交换"的含义是转接——把一条电话线转接到另一条电话线,使它们连通起来。从通信资源的分配角度来看,"交换"就是按照某种方式动态地分配传输线路的资源。正因如此,现代通信系统经常是一个网络系统,电话通信系统是最早的网络系统。

视频

在网络系统中,每次通信可能涉及不同的交换机。如图 1-17 所示,电话机 C 和电话机 D 通话只经过一个本地交换机,通话在电话机 C 到电话机 D 的连接上进行;而电话机 A 和电话机 B 通话经过四个交换机,通话在电话机 A 到电话机 B 的连接上进行。

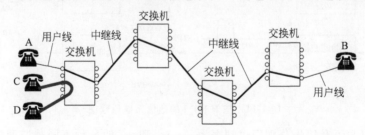

图 1-17　电话通信过程

这种通信系统在进行通信之前需要为通信双方分配一条具有固定带宽的通信电路，在通信过程中通信双方将一直占用所分配的资源，直到通信结束，并且在电路的建立和释放过程中需要利用相关的信令协议，交换机的这种工作方式称为电路交换方式。

当前，电路交换方式正被更为高效的分组交换方式取代。在分组交换方式中，假设某用户要发送数据，这个数据称为报文，在发送之前，将报文分成较小的报文，并添加必要的头部信息，就构成了分组，也可简称为包，首部称为包头，首部包含了目的地址；交换机接收到分组后，先将分组暂时存储下来，再检查首部，按照目的地址查表转发，找到转发接口，将该分组转发给下一个交换机；源主机将各个分组通过交换机转发出去，最终到达目的主机；目的主机接收到所有分组后，去掉首部，将各个数据段组合成原始报文。

早期的电话交换采用人工方式(图 1-18)，需要许多接线员来完成中转工作。1965 年 5 月，美国贝尔公司的 1 号电子交换机问世，它是世界上第一部程控电话交换机，标志着电话交换从此进入电子时代。

1965—1975 年，绝大部分程控交换机都是模拟的(图 1-19)，在交换机中，不同线路的干扰是一个令人头疼的问题。

图 1-18　人工交换

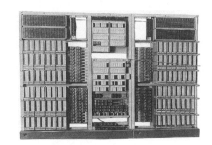
图 1-19　模拟的电子交换机

为了解决这个问题，科学家提出了数字化的方案：把模拟波形变成数字序列。那么，如何把模拟波形变成数字序列？

9. 模拟信号的数字化

早在 1937 年，A. 里弗斯就提出了脉冲编码调制(PCM)概念。如图 1-20 所示，原始的电信号是随着时间连续变化的曲线，是模拟信号。首先经过抽样，每隔一个固定时间段采集该曲线上的一个值，这个值称为样值；这些样值是一些实数，然后采用四舍五入的方法将这些样值变为整数，称为量化，这个整数称为量化值；最后将量化值用四位二进制表示，称为编码。于是，模拟信号就变为一串二进制数字序列。这些"1"或"0"对应于高电平或低电平的脉冲信号，就称为数字信号。

经过抽样、量化和编码三个处理步骤，PCM 将模拟信号变成数字信号，这种技术也称为模/数(A/D)转换技术。

10. 时分复用技术

随着 A/D 转换技术的广泛应用，1950 年时分复用(TDM)技术开始出现于电话系统。频分复用采用不同频带区分不同用户的信号，那么时分复用是采用什么区分不同用

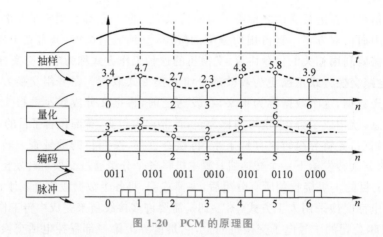

图 1-20　PCM 的原理图

户的信号？

图 1-21 是基于 TDM 的通信系统原理图。发送端和接收端各有一个开关,它们以同步旋转。当同步开关转到第一个位置时,发送端 A_1 在通信线路上发送信号,接收端 A_2 接收通信线路上的信号,这个通信时间间隙称为时隙;当同步开关转到第二个位置时,在第二个时隙,发送端 B_1 在通信线路上发送信号,接收端 B_2 接收通信线路上的信号;当同步开关转到第三个位置时,在第三个时隙,发送端 C_1 在通信线路上发送信号,接收端 C_2 接收通信线路上的信号。上述过程周而复始,三对用户轮流通话,从而在一条物理信道上实现了多路信号的传输。

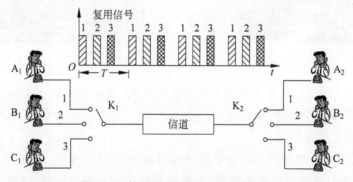

图 1-21　基于 TDM 的通信系统原理图

因此,TDM 就是多个信源的数据轮流占用不同的时隙,共享一条通信线路。

时分多路通信应用于电话系统,是近代语音通信的一个重大突破,进一步提高了通信效率。

11. 微波通信

在无线通信应用中,微波这种较高频段的电磁波在大气信道中传输,损耗会很低,1950 年出现了世界上第一台商用的微波通信系统 TD-2。为了进一步提高通信距离,不久又出现了数字微波接力系统,1951 年基于微波接力技术的长途电话开通。

12. 卫星通信

在微波通信中，一般会把天线架设在山顶，因为天线越高，通信距离越远，于是卫星通信的概念萌芽产生了。

1957 年，苏联将人类第一颗卫星 Sputnik 1 送入太空，开启了卫星通信的大门。1963 年 2 月，美国发射了第一颗静止轨道卫星"率科姆"(Syncom)，把通信天线放在了近 4 万千米的高空，通信距离达到了几万千米，使得国际语音通信成为现实。

1.2.3 现代通信系统

1970 年，采用电子计算机去控制交换机，法国在拉尼翁开通了世界上第一个程控数字交换机 E10(图 1-22)，它标志着人类开始了数字交换的新时期，人类通信技术从近代进入了现代。

从此以后，采用计算机技术和数字化技术，人类开始拥有以数字交换机为核心的现代电话通信系统(图 1-23)。

图 1-22　程控数字交换机 E10　　图 1-23　以数字交换机为核心的现代电话通信系统

采用交换设备后的电话通信系统模型如图 1-24 所示，不同交换机构成网络，可同时为不同地方的用户提供语音消息传递。

美国康宁公司制造出了世界上第一束有实用价值的光纤，光纤是与程控数字交换机技术同时出现的。光纤是人类第二次创造的理想的信道，它细如发丝，可传输速率高达 1.52Tb/s 的信号，满足上万人同时通话和在互联网上遨游。

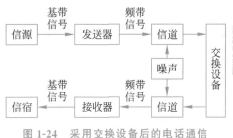

视频

图 1-24　采用交换设备后的电话通信系统模型

1973 年，美国摩托罗拉公司开通了世界上第一个移动电话，让通话者不受"线"的束缚，让声音的传递变得自由。

1977 年，美国贝尔研究所宣布，它成功开发出世界上第一个半导体激光系统；同年，世界上第一个光纤通信系统投入使用，标志着人类进入了高速通信的信息时代。

由此可见，在 20 世纪 80 年代，一种不同于近代的通信系统已具雏形，它就是现代通信系统。

视频

1.3 现代通信的概念

现代通信是一种融合了计算机技术的、数字的、高速的远距离通信方式。

图 1-25 是现代通信方式示意图,用户终端把所有不同类型的消息转换为统一的数据格式,交换设备作为网络中的一个重要节点,可实现不同方向的数据交换。从交换设备汇接的低速信号再通过电复接设备变为高速数字码流,通过发送机送入传输系统。传输系统就是宽带的通信网络,包含着一条条"信息高速公路",采用卫星通信的方式,或者微波通信的方式,或者光纤通信的方式,甚至移动通信的方式。

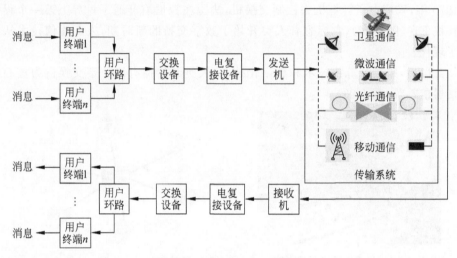

图 1-25　现代通信方式示意图

视频

1.4 现代通信的特点

现代通信具有以下特点:

(1) **数字化**。在数字技术中,各种消息都可转换为二元序列,数字信号具有天生的抗噪声、潜在的标准性和便利的实现性。因此,现有的通信系统绝大部分是数字通信系统。

(2) **宽带化**。在现代通信中,从陆地上的微波中继通信、移动通信、光纤通信到高空中的卫星通信,传输媒介能够传输的频率范围越来越宽,数字信号的比特率越来越高。

(3) **业务综合化**。随着数字化和计算机技术的发展,不同类型的通信系统正深度融合,各种消息都可以通过统一的终端进入"信息高速公路"进行高速传递,电话、电报、传真、数据、图像、电视广播等业务在现代通信系统中并非截然不同,从而实现了业务的综合化。

(4) **智能化**。在现代通信中,大量采用了计算机技术、先进算法和人工智能技术,使网络与终端、业务与管理都充满智能。在信号处理、传输与交换、监控管理及维护中引进更多的智能技术。深度学习具有强大的拟合能力和数据驱动学习能力,广泛应用于通信的各个领域。

（5）**网络化**。以往通信的目标是让每个人在任何时间和任何地点与任何人通信。当前的通信系统将实现随时、随地、万物互联，让人类敢于期待让地球上的万物通过直播的方式同步参与其中。

1.5 仿真实验

1.5.1 通信仿真概述

计算机仿真是理论联系实际的桥梁，有助于加深理论知识的理解，甚至可能发现某些理论的不足。

MATLAB 是一种面向科学与工程计算的仿真平台，主要使用 M 语言。M 语言与其他高级语言相比，其语法规则简单，具有极高的编程效率，还可以将仿真结果图形化呈现出来。

本书的仿真实验是基于 MATLAB 平台的脚本文件，尽量使用 MATLAB 基本函数，便于加深读者对理论的理解。

1.5.2 基于频分复用的通信系统仿真

图 1-14 是基于 FDM 的通信系统原理图。这里，利用 MATLAB 语言仿真一条通信线路上同时传递三路语音的过程，让我们切身体会调制技术和滤波技术是如何在 FDM 中发挥作用的。

把 test_1_5_2（主程序）、audio_data（存储音频的文件）、Audio_Acquisition（采集音频的函数）和 bandpass（带通滤波函数）4 个文件放在工作目录，打开 test_1_5_2 并运行，可以看到命令行窗口的提示。

采集的三路用户的语音信号及其频谱如图 1-26 所示，其中第三路原始信号频谱和添加高斯白噪声后的频谱如图 1-27 所示。

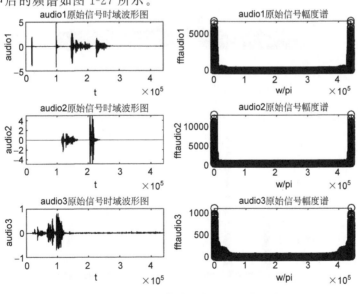

图 1-26　三路用户的语音信号及其频谱

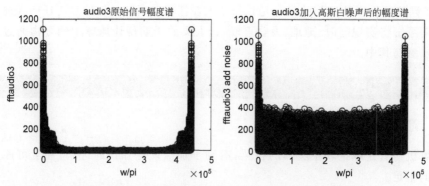

图 1-27　第三路原始信号频谱和添加高斯白噪声后的频谱

从频谱上可以观察高斯白噪声是一个什么样的干扰。高斯白噪声是在一定信号功率条件下具有最大数量的有害信息，一般通过在信号中添加高斯白噪声，以最坏的条件来设计通信系统。

三路用户的语音信号分别经过载波调制，被搬移到三个的不同频率位置，如图 1-28 所示。

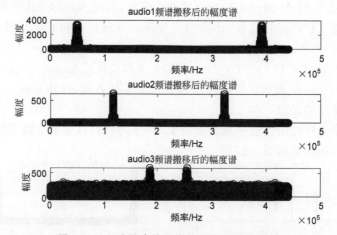

图 1-28　三路用户的语音信号搬移后的频谱

三路信号通过复用，同时在一个信道中传输，复用信号的频谱如图 1-29 所示。

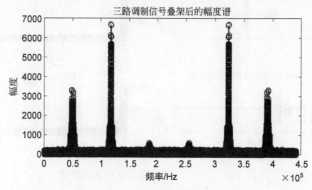

图 1-29　复用信号的频谱

在接收端设置如图 1-30 所示的三个带通滤波器,通过带通滤波取出的三路用户信号如图 1-31 所示。通过对三路用户信号的分别解调,得到的信号如图 1-32 所示。

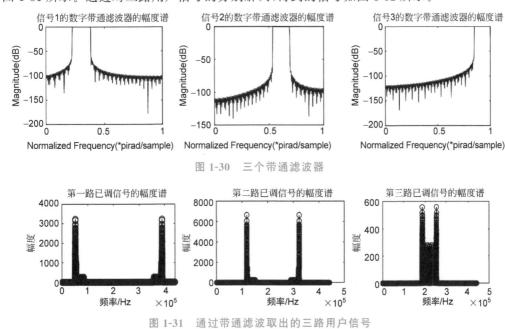

图 1-30 三个带通滤波器

图 1-31 通过带通滤波取出的三路用户信号

在接收端还设置了三个如图 1-33 所示的低通滤波器,通过低通滤波恢复的三路用户消息如图 1-34 所示。

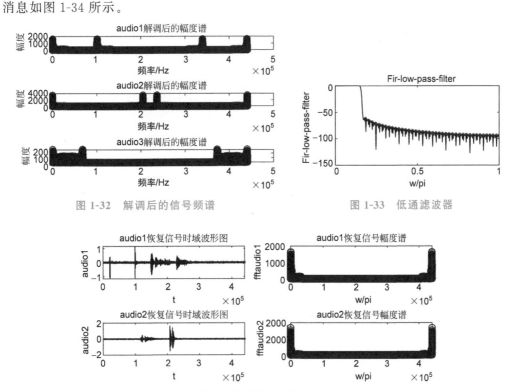

图 1-32 解调后的信号频谱　　　　　图 1-33 低通滤波器

图 1-34 通过低通滤波恢复的三路用户消息

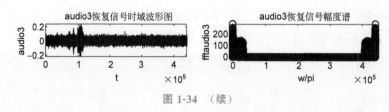

图 1-34 （续）

在这个仿真实验中,我们用自己的声音产生了三种语音消息,观察到了消息传递的多个环节,在每个环节中,通信信号经历了一个怎样的变化。最后听到了我们发送的三种语音消息,可以发现,通过 FDM 技术,在一条通信线路上可以实现三路消息正确无误地传递。

注意,在非对称数字用户线路（ADSL）系统中,上、下行数据和普通电话业务信号是通过 FDM 方式分享一条双绞线的传输线路。

习题

1. 数字通信与模拟通信的主要区别是什么?举例说明人们日常生活中的信息服务,哪些属于模拟通信?哪些属于数字通信?

2. 简述 FDM 在一条通信线路上实现多个电话通信的原理。

3. 什么是现代通信?它的基本特征是什么?

第

2

章

数字通信系统

【要求】

① 掌握数字通信系统的模型；②理解模拟信号数字化过程；③理解信源编码技术；④理解信道编码技术；⑤理解并掌握数字基带信号及其传输技术；⑥理解 PCM 帧结构；⑦理解并掌握数字调制技术；⑧了解复接技术。

2.1 数字通信系统模型

视频

典型的数字通信系统模型如图 2-1 所示,其中:信源编码通过去掉信源中的冗余成分,压缩码元速率和带宽,实现信号有效传输;而信道编码通过按一定规则重新排列信号码元或加入辅助码的办法来防止码元在传输过程中出错,并进行检错和纠错,以保证信号的可靠传输;信道译码是信道编码的逆处理;信源译码是信源编码的逆处理。

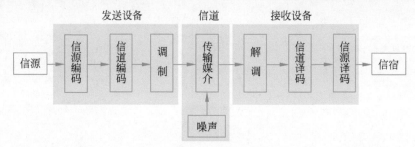

图 2-1　数字通信系统模型

下面重点介绍模拟信号数字化、信源编码和信道编码、信号的基带传输、数字调制与解调和复接技术。

2.2 模拟信号数字化

将模拟信号转换为数字信号的常用方法包括脉冲编码调制、差值编码调制(DPCM)、自适应差值编码(ADPCM)和增量调制(ΔM),这里仅讨论前两种方法。

2.2.1 脉冲编码调制技术

脉冲编码调制处理过程如图 2-2 所示,包括抽样、量化和编码三个过程。

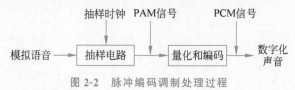

图 2-2　脉冲编码调制处理过程

如图 2-3 所示,抽样就是以固定的时间周期采集模拟信号当时的瞬时值,通常用窄脉冲与原始信号相乘来完成这种操作。

通过抽样得到一系列在时间上离散的幅值序列称为样值序列。这些样值序列的包络线仍与原来的模拟信号波形相似,称为脉冲幅度调制(PAM)信号。

利用这些抽样能否恢复原来的时间连续信号?显然,抽取信号样值的时间间隔越短

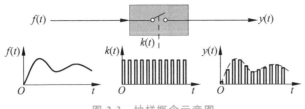

图 2-3 抽样概念示意图

就越能恢复原始信号,但缩短时间间隔会导致数据量增加,时间间隔的缩短必须适可而止。

设时间连续信号 $f(t)$,其最高截止频率为 f_m。要从样值序列无失真地恢复原时间连续信号,其抽样频率应选为 $f_s \geqslant 2f_m$。这就是著名的奈奎斯特抽样定理(简称抽样定理)。

注意,PAM 信号仅是时间上变成离散的样值,样值的取值是一些连续的实数,仍然是模拟信号,在一定范围内为无限多个值,若直接转换成二进制数字信号,则需要无限多位二进制与之对应。

量化就是把信号在幅度域上连续的样值用近似的办法将其变换成幅度离散的样值(称为量化值),相当于四舍五入的方法。

编码就是把量化值变换成一组二进制序列。

【例 2-1】 人的语音信号频率为 300~3400Hz,如果要把它变为数字信号,它的抽样周期是多少? 如果按照 8 位二进制编码,它的信息传输速率(比特率)是多少?

解:考虑防卫带的预留,$f_s = 8\text{kHz}$,抽样周期 $T = 125\mu s$。

对于一个数字话路,每秒抽取 8000 个样值,每个样值编为 8 位二进制序列,则每一话路的数码率为 $8 \times 8000 = 64(\text{kb/s})$。

2.2.2 差值编码调制技术

在 PCM 中,每个抽样都是独立量化的,前面的抽样值与后面的量化没有关系,实际上对于比较平滑的信号,如语音信号,这样做比较浪费。

当语音这种平滑信号以奈奎斯特频率抽样时,抽样值通常具有相关性:若前一个抽样值很小,则下一个抽样值也会很小;若用差值而不是绝对值进行编码,则效率会更高。

如何用差值把样值编成相应的二元序列? 分析图 2-4,比较在每个抽样时刻 Δt 处的 $f(t)$ 和 $f(t-1)$ 的值可以发现,当 $f(t) > f(t-1)$ 时,上升一个 σ;当 $f(t) < f(t-1)$ 时,下降一个 σ。因此采用以下编码方案:当 $f(t) > f(t-1)$ 时,发"1"码;当 $f(t) < f(t-1)$ 时,发"0"码。可见,每个样值只需用 1 位二进制来表示。

【例 2-2】 对于一个数字话路,每秒抽取 8000 个样值,如果按照采用 DPCM,它的信息传输速率是多少?

解:对于一个数字话路,每秒抽取 8000 个样值,每个样值编为 1 位二进制,则每一话路的数码率为 $1 \times 8000 = 8(\text{kb/s})$。可见,DPCM 信息传输速率仅为 PCM 的 1/8。

PCM 和 DPCM 都属于信源编码,信源编码以提高通信的有效性为目的。信源编码的

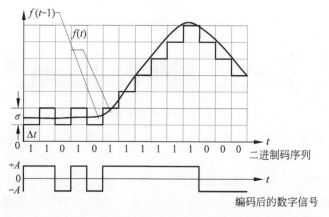

图 2-4　DPCM 波形示意图

效率是通过压缩信源的冗余度来实现的,信源编码追求的是相同的信息量最少的比特位。

信道编码是为了提高通信的稳定性,在发送端一般于传输的信息位后按照一定的规律增加校验位变成码字,通过检验接收码字中信息位和校验位的关系来纠正错误的技术。

2.3　信道编码技术

2.3.1　重复码

我们常说,重要的事情说三遍,实际上是应用了信道编码的原理。这种原始的信道编码方法称为重复码。

如图 2-5 所示,重复码是一种信道编码。例如,要用一个通信系统来传递天气消息,用“0”表示晴天,用“1”表示下雨。假定信道有噪声干扰,这种噪声信道最多会引起一个误码,从这个通信系统得到的天气消息有可能有错误。

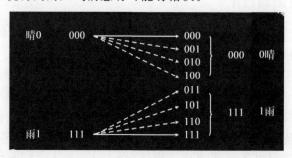

图 2-5　重复码

采用“重复码”这种信道编码技术就可以解决这个问题。重复码的编码规则是把“0”编为“000”,把“1”编为“111”。由于信道的干扰至多会引起一位错误,那么发“000”时收到的可能是“000”“001”“010”“100”;发“111”时收到的可能是“011”“101”“110”“111”。

重复码这样来译码:把接收的码分别与“000”和“111”进行比较,接收码与“000”更相似就译为“0”;接收码与“111”更相似就译为“1”。采用这种方法就可以纠正一位错误。

重复码属于线性分组码,下面讨论一般线性分组码的编译码问题。

2.3.2 线性分组码

1. 分组码定义

如图 2-6 所示,将 k 个信息码元分成一组,称为分组,由这 k 个码元按照一定规则产生 r 个监督码元,组成长度 $n=k+r$ 的码字,这就是分组码。

2. 生成矩阵

图 2-7 是一种信道编码器,在该编码器中,每个分组 (m_0, m_1, m_2) 存储在三个存储单元中,通过编码电路的处理,产生出六个码元的码字 $(c_0, c_1, c_2, c_3, c_4, c_5)$。

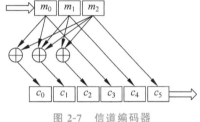

图 2-6 分组码   图 2-7 信道编码器

该信道编码器的作用可用矩阵运算表示为

$$[m_2 m_1 m_0] \begin{bmatrix} 1 & 0 & 0 & 1 & 1 & 1 \\ 0 & 1 & 0 & 1 & 1 & 0 \\ 0 & 0 & 1 & 0 & 1 & 1 \end{bmatrix} = [c_5 c_4 c_3 c_2 c_1 c_0] \tag{2-1}$$

上式用三个符号简化为

$$\boldsymbol{MG} = \boldsymbol{C} \tag{2-2}$$

式中:$\boldsymbol{M}$ 为分组;$\boldsymbol{G}$ 为生成矩阵;$\boldsymbol{C}$ 为码字。

对于 (n,k) 线性分组码,有如下关系式:

$$\boldsymbol{C}_{1 \times n} = \boldsymbol{M}_{1 \times k} \boldsymbol{G}_{k \times n} \tag{2-3}$$

式中:$\boldsymbol{C}$ 为 n 维码字;$\boldsymbol{M}$ 为 k 维信息矢量;$k \times n$ 的矩阵 $\boldsymbol{G}$ 为线性分组码 $\boldsymbol{C}$ 的生成矩阵。

对于二进制码元,在线性方程组中的"加"为"模 2 加":$0 \oplus 0 = 0, 0 \oplus 1 = 1, 1 \oplus 0 = 1, 1 \oplus 1 = 0$。

由于利用生成矩阵 $\boldsymbol{G}$ 可将分组 $\boldsymbol{M}$ 编成对应的码字 $\boldsymbol{C}$,因此已知码的生成矩阵,就解决了编码问题。对于如图 2-7 所示的编码器,8 个分组(2^k 个)和对应的码字(2^k 个)如表 2-1 所示。

表 2-1 分组和对应的码字

信息组 $(m_2 m_1 m_0)$	码字 $(c_5 c_4 c_3 c_2 c_1 c_0)$
001	000000
000	001011
010	010110

视频

信息组($m_2 m_1 m_0$)	码字($c_5 c_4 c_3 c_2 c_1 c_0$)
011	011101
100	100111
101	101100
110	110001
111	111010

表 2-1 中,左栏的每个分组 M 可看作处于 k 维 k 重的信息空间,而右栏的每个码字 C 可看作 k 维 n 重的码字空间,通过编码实现了从信息空间到码空间的一一映射。

3. 线性分组码的编码

1) 线性分组码的一般形式

生成矩阵 G 是一个 k 维 n 重的矩阵,可表示为

$$G = \begin{bmatrix} g_{(k-1)(n-1)} & \cdots & g_{(k-1)1} & g_{(k-1)0} \\ \vdots & \ddots & \vdots & \vdots \\ g_{1(n-1)} & \cdots & g_{11} & g_{10} \\ g_{0(n-1)} & \cdots & g_{01} & g_{00} \end{bmatrix} = \begin{bmatrix} \boldsymbol{g}_{k-1} \\ \vdots \\ \boldsymbol{g}_1 \\ \boldsymbol{g}_0 \end{bmatrix} \qquad (2\text{-}4)$$

式中: $\boldsymbol{g}_{k-1}, \cdots, \boldsymbol{g}_1, \boldsymbol{g}_0$ 称为行矢量,它们也是码字,称为张成码空间的 k 个基底。

利用 k 个行矢量,编码过程也可表示为

$$\boldsymbol{C} = \boldsymbol{MG} = [m_{k-1} \cdots m_1 m_0] \times [\boldsymbol{g}_{k-1} \cdots \boldsymbol{g}_1 \boldsymbol{g}_0]^{\mathrm{T}}$$
$$= m_{k-1} \boldsymbol{g}_{k-1} + \cdots + m_1 \boldsymbol{g}_1 + m_0 \boldsymbol{g}_0 \qquad (2\text{-}5)$$

式(2-5)表明,生成矩阵 G 是由 k 个行矢量组成的,其中的每个行矢量 $\boldsymbol{g}_i$ 既是一个基底,也是一个码字。任何码字都是生成矩阵 G 的 k 个行矢量的线性组合,只要这 k 个行矢量线性无关,就可以作为 k 个基底张成一个 k 维 n 重空间,它是 n 维 n 重空间的一个子空间。子空间的所有 2^k 个矢量构成码集 C,也称为码空间。

2) 线性分组码的系统码

生成矩阵 G 基底并不唯一,如果将基底线性组合后挑出其中 k 个线性无关的矢量作为新基底,依然可以张成同一个码空间。因此,对于生成矩阵,允许通过行运算(行交换、行的线性组合)改变生成矩阵的行而不改变码集,只要保证矩阵的秩仍是 k(k 行线性无关)。

任何生成矩阵可通过行运算转化成"系统码"形式。把信息组原封不动搬到码字前 k 位的 (n, k) 码,称为系统码。其码字具有如下形式:

$$\boldsymbol{C} = (c_{n-1}, \cdots, c_{n-k}, c_{n-k-1}, \cdots, c_0) = (m_{k-1}, \cdots, m_1, m_0, c_{n-k-1}, \cdots, c_0) \qquad (2\text{-}6)$$

系统码的生成矩阵具有如下形式:

$$\boldsymbol{G} = [\boldsymbol{I}_k \boldsymbol{P}] = \begin{bmatrix} 1 & 0 & \cdots & 0 & p_{(k-1)(n-k-1)} & \cdots & p_{(k-1)1} & p_{(k-1)0} \\ 0 & 1 & \cdots & 0 & \vdots & \ddots & \vdots & \vdots \\ \vdots & \vdots & \ddots & \vdots & p_{1(n-k-1)} & \cdots & p_{11} & p_{10} \\ 0 & 0 & 0 & 1 & p_{0(n-k-1)} & \cdots & p_{01} & p_{00} \end{bmatrix} \qquad (2\text{-}7)$$

4. 校验矩阵

编码实现从信息空间到码空间的映射,如图 2-8 所示。对于 $k \times n$ 的矩阵 $\boldsymbol{G}$,存在一个 $(n-k) \times n$ 的矩阵 $\boldsymbol{H}$,使得 $\boldsymbol{G}$ 的行空间和 $\boldsymbol{H}$ 正交,即 $\boldsymbol{G}$ 的行空间中的一个矢量和 $\boldsymbol{H}$ 的一行的内积等于 0。

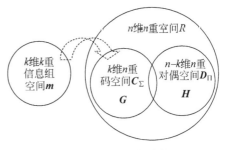

图 2-8　码空间与映射

基底数为 k 的码空间 $\boldsymbol{C}_\Sigma$ 是 n 维 n 重空间的子空间,若能找出全部 n 个基底的另外 $n-k$ 个基底,也就找到了对偶空间 $\boldsymbol{D}_\Pi$。将 $\boldsymbol{D}_\Pi$ 空间的 $n-k$ 个基底排列起来可构成一个 $(n-k) \times n$ 的矩阵,它就是码空间 $\boldsymbol{C}_\Sigma$ 的校验矩阵 $\boldsymbol{H}$,$\boldsymbol{H}$ 与所有码字正交。

既然用 k 个基底能产生一个 (n,k) 线性码,那么也能用其余 $n-k$ 个基底产生一个 $(n,n-k)$ 线性码,称 $(n,n-k)$ 线性码是 (n,k) 线性码的对偶码。$\boldsymbol{C}_\Sigma$ 和 $\boldsymbol{D}_\Pi$ 的对偶是相互的,$\boldsymbol{G}$ 是 $\boldsymbol{C}_\Sigma$ 的生成矩阵又是 $\boldsymbol{D}_\Pi$ 的校验矩阵,而 $\boldsymbol{H}$ 是 $\boldsymbol{D}_\Pi$ 的生成矩阵又是 $\boldsymbol{C}_\Sigma$ 的校验矩阵。

因此,如果 C 是 $\boldsymbol{C}_\Sigma$ 空间的一个码字,由正交性得到

$$\boldsymbol{C}\boldsymbol{H}^{\mathrm{T}} = \boldsymbol{0} \tag{2-8}$$

式中: $\boldsymbol{0}$ 代表零矩阵,它是 $[1 \times n] \times [n \times (n-k)] = 1 \times (n-k)$ 矢量。

利用式(2-8)可检验一个 n 重矢量是否为码字:若等式成立,该 n 重是码字;否则,就不是码字。

由于生成矩阵 $\boldsymbol{G}$ 的每行都是一个码字,因此

$$\boldsymbol{G}\boldsymbol{H}^{\mathrm{T}} = \boldsymbol{0} \tag{2-9}$$

式中: $\boldsymbol{0}$ 代表一个 $[k \times n] \times [n \times (n-k)] = k \times (n-k)$ 的零矩阵。

对于系统码,其校验矩阵也是规则的,必为

$$\boldsymbol{H} = [\boldsymbol{P}^{\mathrm{T}} \mid \boldsymbol{I}_{n-k}] \tag{2-10}$$

因为:

$$\boldsymbol{G}\boldsymbol{H}^{\mathrm{T}} = [\boldsymbol{I}_k \mathbin{\vdots} \boldsymbol{P}][\boldsymbol{P}^{\mathrm{T}} \mathbin{\vdots} \boldsymbol{I}_{n-k}]^{\mathrm{T}}$$
$$= [\boldsymbol{I}_k\boldsymbol{P}] + [\boldsymbol{P}\boldsymbol{I}_{n-k}]$$
$$= [\boldsymbol{P}] + [\boldsymbol{P}] = \boldsymbol{0}$$

5. 错误图案、伴随式与译码

1) 错误图案

错误图案是一个码字发生错误的形态,反映信道对码字造成的干扰。对于线性分组码,发送的码字 $\boldsymbol{C} = (c_{n-1}, \cdots, c_1, c_0)$,接收码 $\boldsymbol{R} = (r_{n-1}, \cdots, r_1, r_0)$,差错图案 $\boldsymbol{E}$ 定义为

$$\boldsymbol{E} = (e_{n-1}, \cdots, e_1, e_0) = \boldsymbol{R} - \boldsymbol{C} \tag{2-11}$$

对于二进制码,有 $\boldsymbol{E} = \boldsymbol{R} - \boldsymbol{C}$,因此 $\boldsymbol{R} = \boldsymbol{C} + \boldsymbol{E}$,那么

$$\boldsymbol{R}\boldsymbol{H}^{\mathrm{T}} = (\boldsymbol{C} + \boldsymbol{E})\boldsymbol{H}^{\mathrm{T}} = \boldsymbol{C}\boldsymbol{H}^{\mathrm{T}} + \boldsymbol{E}\boldsymbol{H}^{\mathrm{T}} = \boldsymbol{0} + \boldsymbol{E}\boldsymbol{H}^{\mathrm{T}} = \boldsymbol{E}\boldsymbol{H}^{\mathrm{T}} \tag{2-12}$$

因此,如果接收码 $\boldsymbol{R}$ 无误,必有 $\boldsymbol{E} = \boldsymbol{0}$,即 $\boldsymbol{R}\boldsymbol{H}^{\mathrm{T}} = \boldsymbol{0}$;如果信道有差错,$\boldsymbol{E} \neq \boldsymbol{0}$,必有 $\boldsymbol{R}\boldsymbol{H}^{\mathrm{T}} =$

$EH^T \neq \mathbf{0}$。

2）伴随式

伴随式定义为

$$S = (s_{n-k-1}, \cdots, s_1, s_0) = RH^T \tag{2-13}$$

将式(2-12)代入式(2-13)，得到

$$S = (s_{n-k-1}, \cdots, s_1, s_0) = EH^T$$

$$= (e_{n-1}, \cdots, e_1, e_0)\begin{bmatrix} h_{(n-k-1)(n-1)} & \cdots & h_{(n-k-1)1} & h_{(n-k-1)0} \\ \vdots & \ddots & \vdots & \vdots \\ h_{1(n-1)} & \cdots & h_{11} & h_{10} \\ h_{0(n-1)} & \cdots & h_{01} & h_{00} \end{bmatrix}^T \tag{2-14}$$

由于 $S = RH^T = (C+E)H^T = CH^T + EH^T = 0 + EH^T = EH^T$，因此 S 仅与 E 有关，与 C 无关。

事实上，在接收端并不知道发送码 C 究竟是什么，但可以知道 H 和接收码 R 是什么，从而算出 S 是什么。从物理意义看，伴随式 S 并不反映发送的码字 C 是什么，而只反映信道对码字造成的干扰。

3）译码

在接收端，译码的任务是利用伴随式 S 找出 C 的估值 $\hat{C}$，具体流程如图 2-9 所示，也就是在知道 S 和 H 的情况下求解 E。因此，译码从本质上是求解以下方程：

$$(s_{n-k-1}, \cdots, s_1, s_0) = (e_{n-1}, \cdots, e_1, e_0)\begin{bmatrix} h_{(n-k-1)(n-1)} & \cdots & h_{(n-k-1)1} & h_{(n-k-1)0} \\ \vdots & \ddots & \vdots & \vdots \\ h_{1(n-1)} & \cdots & h_{11} & h_{10} \\ h_{0(n-1)} & \cdots & h_{01} & h_{00} \end{bmatrix}^T \tag{2-15}$$

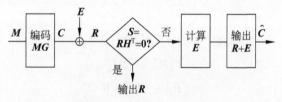

图 2-9 编码和译码过程

将方程式(2-15)展开成线性方程组形式，得到

$$\begin{cases} s_{n-k-1} = e_{n-1}h_{(n-k-1)(n-1)} + \cdots + e_1 h_{(n-k-1)1} + e_0 h_{(n-k-1)0} \\ \cdots\cdots\cdots\cdots \\ s_1 = e_{n-1}h_{1(n-1)} + \cdots + e_1 h_{11} + e_0 h_{10} \\ s_0 = e_{n-1}h_{0(n-1)} + \cdots + e_1 h_{01} + e_0 h_{00} \end{cases} \tag{2-16}$$

这些方程组中有 n 个未知数 $e_{n-1}, \cdots, e_1, e_0$，却只有 $n-k$ 个方程，不能得到确定解。因此，译码可以归结为以下四个问题：

（1）在二元域中，伴随式 S 是一个 $(n-k)$ 重矢量，只有 2^{n-k} 种可能的组合；而差错图案 E 是 n 重矢量，共有 2^n 个可能的组合。同一伴随式 S 可能对应若干不同的差错图案 E。

（2）在二元域中，少一个方程导致有两个解，少两个方程导致有四个解……少 $n-(n-k)=k$ 个方程导致有 2^k 个解。

（3）从 E 的 2^k 个解中选一，最合理的方法是概率译码，它把所有 2^k 个解的重量（差错图案 E 中 1 的个数）作比较，选择其中重量最轻者作为 E 的估值。

（4）选择其中重量最轻者作为 E 的估值的理论根据是最小汉明距离译码规则。

下面介绍一种按照最小汉明距离译码规则的译码方法——标准阵列译码。

6. 标准阵列译码

1）标准阵列定义

在二元域中，标准阵列按照以下步骤得到：

（1）将 2^k 个码字排成一行，作为第一行，其中全 0 码字 C_0 放在最左边位置，作为 E_0；

（2）在剩下的 2^n-2^k 个 n 重中选取一个重量最轻的 n 重 E_1 放在码字 C_0 下面，再将 E_1 分别和 $C_1, C_2, \cdots, C_{2^k-1}$ 相加，放在对应码字下面构成阵列的第二行；

（3）在第二次剩下的 n 重中，选取重量最轻的 n 重 E_2，放在 E_1 下面，并将 E_2 分别加到第一行各码字上，得到第三行；

（4）继续这样做下去，直到全部 n 重用完为止，得到一个矩阵。

2）陪集的选择

标准阵列构造如表 2-2 所示，标准阵列第一行称为许用码，其他称为禁用码，而第一列称为陪集首。构造标准阵列的关键是如何选择陪集首。

表 2-2 标准阵列构造

许用码字	$C_0 (=0)$陪集首 E_0	C_1	$\cdots C_{i-1}$	$\cdots$	C_{2^k-1}
禁用码字	E_1	C_1+E_1	$\cdots C_{i-1}+E_1$	$\cdots$	$C_{2^k-1}+E_1$
	E_2	C_1+E_2	$\cdots C_{i-1}+E_2$	$\cdots$	$C_{2^k-1}+E_2$
	$\vdots$	$\vdots$	$\vdots$	$\vdots$	$\vdots$
	$E_{2^{n-k}-1}$	$C_1+E_{2^{n-k}-1}$	$\cdots C_{i-1}+E_{2^{n-k}-1}$	$\cdots$	$C_{2^k-1}+E_{2^{n-k}-1}$

由于错误图案重量越轻，发生的可能性越大，所有译码应首先能正确纠正那些重量轻的错误图案，即在构造标准阵列时应选择重量最轻的禁用码作为陪集首，放在表的第一列。这样可使得译码的错误概率最小，在二进制对称信道条件下它等价于最小距离译码准则。

【例 2-3】 $(5,2)$系统线性码的生成矩阵为

$$G = \begin{bmatrix} 1 & 0 & 1 & 1 & 1 \\ 0 & 1 & 1 & 0 & 1 \end{bmatrix}$$

若接收码 $R=(10101)$，则先采用求解方程组的方法来译码，再构造该码的标准阵列来译码。

解：

$$H = \left[P^{\mathrm{T}} \mid I_3 \right] = \begin{bmatrix} 1 & 1 & 1 & 0 & 0 \\ 1 & 0 & 0 & 1 & 0 \\ 1 & 1 & 0 & 0 & 1 \end{bmatrix}$$

由 $S = (E+C)H^{\mathrm{T}} = EH^{\mathrm{T}}$ 可得

$$\begin{cases} s_2 = e_4 + e_3 + e_2 \\ s_1 = e_4 + e_1 \\ s_0 = e_4 + e_3 + e_0 \end{cases}$$

5个未知数,3个方程,必有 4 组解。

令 $S = (000)$,并分别令 $(e_4 e_3) = (00)$、(01)、(10)、(11),解得 E_0 的 4 组解是 (00000)、(01101)、(10111)、(11010),取 $E_0 = (00000)$。

再依次令 $S = (001)$,(010),(011),每次有 4 组解,取重量最轻者为"解"。

其中,有的组重量最轻解是唯一的,有的组重量最轻解却不是唯一的,比如伴随式 $S = (011)$ 的 4 组解是 (00011)、(10100)、(01110)、(11001),其中 (00011) 和 (10100) 并列重量最轻,任取其中一个。

这说明,采用解方程组的方法无法解决问题。但是,构造如下标准阵列

$E_0 + C_0 = 00000$	$C_1 = 10111$	$C_2 = 01101$	$C_3 = 11010$
$E_1 = 10000$	00111	11101	01010
$E_2 = 01000$	11111	00101	10010
$E_3 = 00100$	10011	01001	11110
$E_4 = 00010$	10101	01111	11000
$E_5 = 00001$	10110	01100	11011
$E_6 = 00011$	10100	01110	11001
$E_7 = 00110$	10001	01011	111000

可得到 $R = (10101)$,对应的码字就是 $C_1 = 10111$。

【例 2-4】 写出重复码的 G 和 H 及其标准阵列。

解：重复码属于线性分组码,按照上述理论可得

$$G = [I_k P] = \begin{bmatrix} 1 & 1 & 1 \end{bmatrix}$$

$$H = [P^{\mathrm{T}} I_{n-k}] = \begin{bmatrix} 1 & 1 & 0 \\ 1 & 0 & 1 \end{bmatrix}$$

标准阵列为

$E_0 + C_0 = 000$	$C_1 = 111$
$E_1 = 001$	110
$E_2 = 010$	101
$E_3 = 100$	001

2.3.3 卷积码

视频

1. 卷积码概念

卷积码是一个有限记忆系统。当信息序列切割成长度 k 的一个个分组后,分组码单

独对各分组编码,而卷积码由本时刻的分组以及本时刻以前的 L 个分组共同来决定编码,如图 2-10 所示。

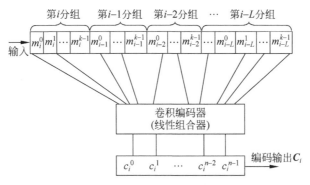

图 2-10 卷积编码示意图

由于编码过程受 $L+1$ 个信息分组的制约,因此 $L+1$ 称为约束长度。约束长度是卷积码的一个基本参数,常用 (n,k,L) 表示某一码长 n、信息位 k、约束长度 $L+1$ 的卷积码。

卷积码编码器的一般结构如图 2-11 所示,记忆阵列(由 k 行 $L+1$ 列组成)中的每一存储单元都有一条连线将数据送到线性组合器,但实际上无须每个单元都有

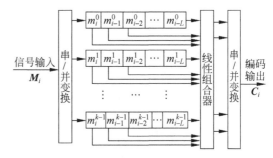

图 2-11 卷积编码器的一般结构

连接,因为二元域线性组合时的系数只能选"0"或者"1",选"0"时表示该项在线性组合中不起作用,对应存储单元不需要连接到线性组合器。

2. 编码电路的数学描述

在任意时刻 i,码字的第 j 个码元是约束长度内所有信息位的线性组合:

$$C_i^j = \sum_{l=0}^{L} \sum_{k=0}^{K-1} g_{jl}^k m_{i-l}^k, \quad j=0,1,2,\cdots,n-1 \tag{2-17}$$

式中: g_{jl}^k 表示图 2-11 中第 $l(l=0,1,\cdots,L)$ 列、第 $k(k=0,1,\cdots,K-1)$ 行的信息位对第 j 个输出码元的影响,$g_{jl}^k \in \{0,1\}$,$g_{jl}^k=0$ 表示该信息位不参与线性组合,$g_{jl}^k=1$ 表示该信息位参与线性组合。

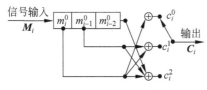

图 2-12 二进制 $(3,1,2)$ 卷积编码器

【例 2-5】 二进制 $(3,1,2)$ 卷积编码器如图 2-12 所示,试写出表达其线性组合关系的全部系数。

解:本例为码率 $R=1/3$ 的卷积码,$n=3,k=1$,$L=2$,由编码器电路图可写出 $nk(L+1)=9$ 个系数如下:

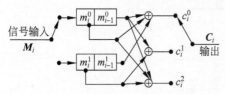

图 2-13　二进制（3，2，1）卷积编码器

【例 2-6】　二进制（3，2，1）卷积编码器如图 2-13 所示，试写出表达线性组合关系的全部系数。

解：本例为码率 $R=2/3$ 的卷积码，$n=3$，$k=2$，$L=1$。由编码器电路图可写出 $nk(L+1)=12$ 个系数如下：

$$g_{00}^0=1,\quad g_{01}^0=1,\quad g_{00}^1=0,\quad g_{01}^1=1$$

$$g_{10}^0=0,\quad g_{11}^0=1,\quad g_{10}^1=1,\quad g_{11}^1=0$$

$$g_{20}^0=1,\quad g_{21}^0=1,\quad g_{20}^1=1,\quad g_{21}^1=0$$

3. 生成子矩阵表示法

生成子矩阵定义为

$$\boldsymbol{G}_l=\begin{bmatrix} g_{0l}^0 & g_{1l}^0 & \cdots & g_{(n-1)l}^0 \\ g_{0l}^1 & g_{1l}^1 & \cdots & g_{(n-1)l}^1 \\ \vdots & \vdots & \ddots & \vdots \\ g_{0l}^{k-1} & g_{1l}^{k-1} & \cdots & g_{(n-1)l}^{k-1} \end{bmatrix},\quad l=0,1,\cdots,L \tag{2-18}$$

编码涉及 $L+1$ 个分组，生成子矩阵表示第 l 个分组的每个信息码元对码字的影响。

【例 2-7】　二进制（3，1，2）卷积编码器如图 2-12 所示，试写出生成子矩阵。

解：本例为码率 $R=1/3$ 的卷积码，$n=3$，$k=1$，$L=2$。由生成子矩阵的定义可知

$$\boldsymbol{G}_0=[1\ 1\ 1],\quad \boldsymbol{G}_1=[0\ 1\ 1],\quad \boldsymbol{G}_2=[0\ 0\ 1]$$

【例 2-8】　二进制（3，2，1）卷积编码器如图 2-13 所示，试写出生成子矩阵。

解：由生成子矩阵的定义可知

$$\boldsymbol{G}_0=\begin{bmatrix} 1 & 0 & 1 \\ 0 & 1 & 1 \end{bmatrix},\quad \boldsymbol{G}_1=\begin{bmatrix} 1 & 1 & 1 \\ 1 & 0 & 0 \end{bmatrix}$$

4. 生成矩阵

若码字序列是一个从 0 时刻开始的无限长右边序列，则可写成有头无尾的半无限矩阵形式：

$$\boldsymbol{C}=(\boldsymbol{C}_0,\boldsymbol{C}_1,\cdots,\boldsymbol{C}_L,\boldsymbol{C}_{L+1},\cdots)$$

$$=(\boldsymbol{M}_0,\boldsymbol{M}_1,\cdots,\boldsymbol{M}_L,\boldsymbol{M}_{L+1},\cdots)\begin{bmatrix} \boldsymbol{G}_0 & \boldsymbol{G}_1 & \boldsymbol{G}_2 & \cdots & \boldsymbol{G}_L & 0 & 0 & 0 & \\ 0 & \boldsymbol{G}_0 & \boldsymbol{G}_1 & \boldsymbol{G}_2 & \cdots & \boldsymbol{G}_L & 0 & 0 & \cdots \\ 0 & 0 & \boldsymbol{G}_0 & \boldsymbol{G}_1 & \boldsymbol{G}_2 & \cdots & \boldsymbol{G}_L & 0 & \cdots \\ \vdots & \vdots & \vdots & \vdots & \vdots & \vdots & \vdots & \vdots & \end{bmatrix} \tag{2-19}$$

式中

$$G_\infty = \begin{bmatrix} G_0 & G_1 & G_2 & \cdots & G_L & 0 & 0 & 0 & \cdots \\ 0 & G_0 & G_1 & G_2 & \cdots & G_L & 0 & 0 & \cdots \\ 0 & 0 & G_0 & G_1 & G_2 & \cdots & G_L & 0 & \cdots \\ \vdots & \vdots & \vdots & \vdots & \vdots & \vdots & \vdots & \vdots & \end{bmatrix} \qquad (2\text{-}20)$$

定义为生成矩阵;而 $\boldsymbol{M}_0, \boldsymbol{M}_1, \cdots, \boldsymbol{M}_L, \boldsymbol{M}_{L+1}$ 是一个个大小为 $1 \times k$ 的分组。下面通过实例来理解这些概念。

【例 2-9】 二进制(3,1,2)卷积编码器如图 2-12 所示,如果输入信息流是 $(101101011100\cdots)$,求输出码字序列。

解:由(3,1,2)卷积编码器的结构可得 3 个生成子矩阵为
$$G_0 = [1\ 1\ 1], G_1 = [0\ 1\ 1], G_2 = [0\ 0\ 1]$$
由于 $k=1$, $\boldsymbol{M}_i$ 是一个个大小为 1×1 的分组,因而有
$$(\boldsymbol{M}_0, \boldsymbol{M}_1, \cdots, \boldsymbol{M}_L, \boldsymbol{M}_{L+1}, \cdots) = (1,0,1,1,0,1,0,1,1,1,1,0,\cdots)$$
所以有

$$\boldsymbol{C}_i = (1,0,1,1,0,1,0,1,1,1,0,0,\cdots) \begin{bmatrix} 111\ 011\ 001 & & & \\ & 111\ 011\ 001 & & \\ & & 111\ 011\ 001 & \\ & & & 111\ 011\ 001 \\ & & & \vdots \end{bmatrix}$$
$$= (111,011,110,100,010,110,011,110,100,101,010,001,\cdots)$$

【例 2-10】 二进制(3,2,1)卷积编码器如图 2-13 所示,若输入信息流是 $(101101011100\cdots)$,求输出码字序列。

解:由(3,2,1)卷积编码器的结构可得 2 个生成子矩阵为
$$G_0 = \begin{bmatrix} 101 \\ 011 \end{bmatrix}, \quad G_1 = \begin{bmatrix} 111 \\ 100 \end{bmatrix}$$
由于 $k=2$, $\boldsymbol{M}_i$ 是一个个大小为 1×2 的分组,所以有
$$(\boldsymbol{M}_0, \boldsymbol{M}_1, \cdots, \boldsymbol{M}_L, \boldsymbol{M}_{L+1}, \cdots) = (10,11,01,01,11,00,\cdots)$$
于是得到

$$\boldsymbol{C} = (10,11,01,01,11,00,\cdots) \begin{bmatrix} 101\ 111 & & \\ 011\ 100 & & \\ & 101\ 111 & \\ & 011\ 100 & \\ & & 101\ 111 \\ & & 011\ 100 \\ & & \cdots \end{bmatrix} = (101,001,000,111,010,011,\cdots)$$

5. 卷积码状态流图

编码的状态是除本时刻输入外的编码器记忆阵列的内容,记作 $\boldsymbol{S}^i$。

例如,在(3,1,2)卷积编码器中,除本时刻输入外还有两个存储器存放前两时刻的输入,其内容组合有 00,01,10,11 四种可能,称为该编码器的四种状态,如图 2-14 所示。

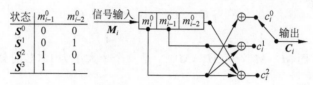

图 2-14　编码器状态

一般地,编码器的移存器阵列有 k 行 $L+1$ 列共 $k \times (L+1)$ 个存储单元,这些单元都要参与编码,可以认为输出码字 $\boldsymbol{C}_i$ 是本时刻输入信息组 $\boldsymbol{M}_i$ 和本时刻编码器状态 S^i 的函数,表示为

$$C_i = f(\boldsymbol{M}_i, S^i)$$

状态 $S^i = h(\boldsymbol{M}_{i-1}, \cdots, \boldsymbol{M}_{i-L+1}, \boldsymbol{M}_{i-L})$,如图 2-15 所示。

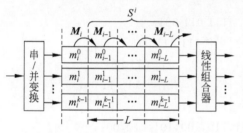

图 2-15　状态和状态转移

时刻 i 的状态 S^i 向下一时刻状态 S^{i+1} 的过渡称为状态转移。从图 2-15 可见,卷积编码器状态的转移不是任意的,因为移存的规则决定了下一个状态必然是

$$S^{i+1} = h(\boldsymbol{M}_i, \boldsymbol{M}_{i-1}, \cdots, \boldsymbol{M}_{i-L+1}) \quad (2-21)$$

将 S^i 与 S^{i+1} 作比较可知,S^{i+1} 中的 $(\boldsymbol{M}_{i-1}, \cdots, \boldsymbol{M}_{i-L+1})$ 是在 S^i 中就已确定的,S^{i+1} 的可变因素只有 $\boldsymbol{M}_i$,即本时刻输入分组。对于二进制码,$\boldsymbol{M}_i$ 可以有 2^k 种组合,所以状态转移也只能有 2^k 种。于是,同样可以把状态转移写成本时刻分组 $\boldsymbol{M}_i$ 和本时刻编码器状态 S^i 的函数:

$$S^{i+1} = h(\boldsymbol{M}_i, S^i) \quad (2-22)$$

式(2-21)和式(2-22)的含义是本时刻输入信息组 $\boldsymbol{M}_i$ 和编码器状态 S^i 一起决定了编码输出 C_i 和下一状态 S^{i+1}。由于编码器状态和信息组数量都是有限的,所以卷积编码器可以看成一个有限状态机,用输入信息组 $\boldsymbol{M}_i$ 触发的状态转移图描述。

在式(2-21)决定状态转移的同时,式(2-22)也决定了输出码字,因此确定的状态转移必定伴随着确定的码字。作为状态机触发信号的 k 重信息分组 $\boldsymbol{M}_i$ 只能有 2^k 种组合方式,因此从 S^i 出发转移到的下一状态只可能是 2^k 种之一。这种状态的变化可以用状态流图来形象地表示。状态流图是以状态为节点、状态转移为分支,并以转移的输入分组/输出码元与各分支对应的图形。

【例 2-11】　二进制(3,1,2)卷积编码器如图 2-12 所示,试用状态流图描述该码。如果输入信息流是(101101011100…),试求输出码字序列。

解:(3,1,2)卷积编码器的状态定义和状态转移如表 2-3 所示。

表 2-3 状态定义和状态转移

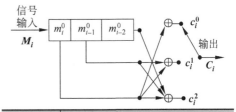

状态	m_{i-1}^0	m_{i-2}^0
S^0	0	0
S^1	0	1
S^2	1	0
S^3	1	1

状态	输入	
	$m_i^0 = 0$	$m_i^0 = 1$
S^0	000	111
S^1	001	110
S^2	011	100
S^3	010	101

状态	输入	
	$m_0^i = 0$	$m_0^i = 1$
S^0	S^0	S^2
S^1	S^0	S^2
S^2	S^1	S^3
S^3	S^1	S^3

表 2-3 可用更为简练和直观的状态流图来表示,如图 2-16 所示。

若输入信息流是 1011010111…,则结果为

$$S^0 1/111 \rightarrow S^2 0/011 \rightarrow S^1 1/110 \rightarrow S^2 1/100 \rightarrow S^3 0/010$$

【例 2-12】 二进制 $(3,2,1)$ 卷积编码器如图 2-13 所示,用状态流图描述该码。如果输入信息流是 $(101101011100…)$,试求输出码字序列。

解:本题 $k=2, n=3$,有 2 个移存器、4 种状态。由于每次并行输入 2 位,即有限状态机触发信号 2 位,所以从某一状态出发,下一个状态可以是 4 种状态之一。卷积码状态流图如图 2-17 所示。

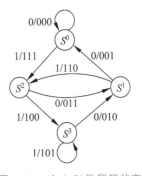

图 2-16 $(3,1,2)$ 卷积码状态流图

输入信息流 $(10,11,01,01,11,00,…)$ 2 位/信息组,对应的码字序列为

$$S^0 10/101 \rightarrow S^1 11/001 \rightarrow S^3 01/000 \rightarrow$$
$$S^2 11/010 \rightarrow S^3 00/011$$

6. 卷积码网格图

状态流图展示了状态转移去向,但不能记录下状态转移轨迹。网格图可弥补这一缺陷,它可将状态转移展开在时间轴上,使编码全过程跃然纸上。

网格图以状态为纵轴,以时间(抽样周期 T)为横轴,将平面分割成格状。状态和状态转移的定义画法与流图法一样,也是用一个箭头表示转移,伴随转移的 M_i/C_i 表示转移发生时的输入信息组/输出码字;不同的是网格图还体现时间变化,一次转移与下一次转移在图上头尾相连。

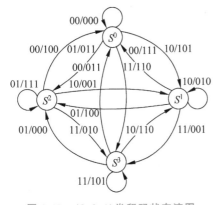

图 2-17 $(3,2,1)$ 卷积码状态流图

【例 2-13】 用网格图描述图 2-12 所示的二进制 $(3,1,2)$ 卷积编码器。若输入信息流

是(1011010···),试求输出码字序列。

解：由图 2-12 所示卷积编码器的状态流图可得网格图，如图 2-18 所示。

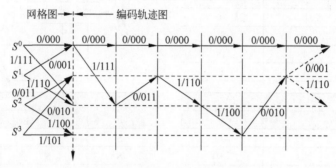

图 2-18 (3,1,2)卷积码网格图

当输入 5 位信息 10110 时，输出码字和状态转移是

$$S^0 1/111 \rightarrow S^2 0/011 \rightarrow S^1 1/110 \rightarrow S^2 1/100 \rightarrow S^3 0/010$$

如果继续输入第 6 位信息，信息为 0 或 1 时，状态将分别转移到 S^0 或 S^2，而不可能转移到 S^1 或 S^3。

网格图顶上的一条路径代表输入全 0 信息/输出全 0 码字时的路径，这条路径在卷积码分析时常作为参考路径。

【例 2-14】　用网格图描述图 2-13 所示的二进制(3,2,1)卷积编码器。若输入信息流是(101101011100···),试求输出码字序列。

解：由图 2-13 所示卷积编码器编码矩阵和状态流图可得网格图，如图 2-19 所示。

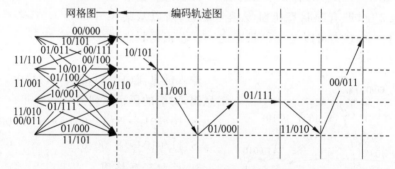

图 2-19 (3,2,1)卷积码网格图

7. 卷积码的译码

卷积码本质上是一个有限状态机，它的码字前后相关。对于编码器编出的任何码字序列，在网格图上可以找到一条连续的路径与之对应，这种连续性正是卷积码码字前后相关的体现。

在译码端，一旦传输、存储过程中出现差错，输入到译码器的接收码字流在网格图上就找不出一条对应的连续路径，而只有若干不确定、断续的路径。

卷积码概率译码基本思路是以断续的接收码流为基础，逐个计算它与其他所有可能出现的、连续的网格图路径的距离，选出其中可能性(概率)最大的一条作为译码估值输

视频

出。这种译码方法称为维特比译码。

下面通过举例说明硬判决的维特比译码过程。

【例 2-15】 对于如图 2-12 所示的二进制 $(3,1,2)$ 卷积编码器,设发码序列 $\boldsymbol{C}=(000,111,011,001,000,000,\cdots)$,收码序列 $\boldsymbol{R}=(110,111,011,001,000,000,\cdots)$,试用维特比算法译码。

在图 2-20 中,$\mathrm{PM}^i(j)$ 表示从开始到第 i 个周期,第 j 个状态所积累的路径距离。假定初始状态为 S^0,它第一个周期可以是 S^0 和 S^2 两种状态:如果是 S^0,输出码字是 000,与接收到的第一个码字 R_1 汉明距离是 2,因此 $\mathrm{PM}^1(0)$ 为 2;如果是 S^2,输出码字是 111,与接收到的第一个码字 R_1 汉明距离是 1,因此 $\mathrm{PM}^1(2)$ 为 1。由于不可能是 S^1 和 S^3 两种状态,因此 $\mathrm{PM}^1(1)$ 和 $\mathrm{PM}^1(3)$ 为无穷大。

它第二个周期可以从节点 S^0 和 S^2 出发:

如果从 S^0 出发,第二个周期可以是 S^0 和 S^2 两种状态:如果是 S^0,输出码字是 000,与接收到的第二个码字 R_2 汉明距离是 3,因此 $\mathrm{PM}^2(0)$ 为 $2+3=5$;如果是 S^2,输出码字是 111,与接收到的第二个码字 R_2 汉明距离是 0,因此 $\mathrm{PM}^2(2)$ 为 $2+0=2$。

如果从 S^2 出发,第二个周期可以是 S^1 和 S^3 两种状态:如果是 S^1,输出码字是 011,与接收到的第二个码字 R_2 汉明距离是 1,因此 $\mathrm{PM}^2(1)$ 为 $1+1=2$;如果是 S^3,输出码字是 100,与接收到的第二个码字 R_2 汉明距离是 2,因此 $\mathrm{PM}^2(2)$ 为 $1+2=3$。

经过两个周期路径累计距离的比较,选择较小距离的两个路径 $S^0—S^0—S^2$ 和 $S^0—S^2—S^1$ 作为留存路径。

第三个周期选择从两个节点 S^2 和 S^1 出发,采用相同的方法计算路径距离,路径 $S^0—S^0—S^2—S^0$ 的距离为 3,路径 $S^0—S^0—S^2—S^1$ 的距离为 2,因此选择路径 $S^0—S^0—S^2—S^1$ 译码。输出码序列是 $(000,111,011,001,000,000,\cdots)$,纠正了两个错误。

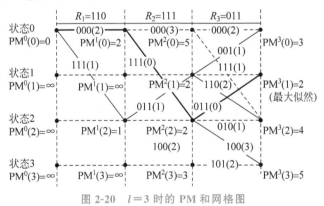

图 2-20 $l=3$ 时的 PM 和网格图

2.4 数字基带信号及其传输

2.4.1 数字基带信号

从形式上看,基带信号分为模拟基带信号和数字基带信号,如图 2-21 所示。模拟基带信号是未经过调制的模拟信号,数字基带信号是具有高、低(也可能是正、负)两种电平状态的电脉冲序列,它们的特点是信号频带通常从直流和低频开始。

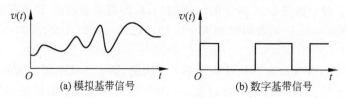

(a) 模拟基带信号 (b) 数字基带信号

图 2-21　基带信号示意图

码型是电脉冲的存在形式,它可以是矩形脉冲、三角形脉冲、高斯型脉冲、升余弦型脉冲等,如图 2-22 所示。

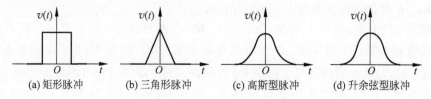

(a) 矩形脉冲 (b) 三角形脉冲 (c) 高斯型脉冲 (d) 升余弦型脉冲

图 2-22　常用的基带信号码型

二元码是只有两个取值的脉冲序列。最简单的二元码码型为矩形波,幅度取值只有两种电平,分别对应于二进制码的 1 和 0。一个矩形波称为一个码元。

图 2-23 是常用的二元码波形,它们具有以下特点:

(1) 单极性不归零码:数字信号的二进制码元 1 和 0 分别用高电平和低电平(常为零电平)两种取值来表示,整个码元期间(T)电平保持不变。许多终端设备输出的是这种码,因为设备一端是固定的零电位,输出单极性码最为方便。

(2) 双极性不归零码:数字信号的二进制码元 1 和 0 分别用正电平和负电平表示,整个码元期间(T)电平保持不变。双极性码元无直流成分,适合在无接地的传输线路上传输。

(3) 单极性归零码:与单极性不归零码不同,单极性归零码发送时,高电平在整个码元期间(T)只持续一段时间(τ),在其余时间则返回到零电平。

(4) 双极性归零码:它是双极性码的归零形式,每个码元都有零电平的间隙,即使是连续的 1 和 0,也容易辨识出每个码元的起止时间。

(5) 差分码:差分码是利用前后码元电平的相对极性来传送信息,是一种相对码。用相邻脉冲极性变化表示"1"、极性不变表示"0"的为传号差分码,用相邻脉冲极性变化表示"0"、极性不变表示"1"的为空号差分码。

为了减少误码,电话通信系统经常需要把单极性不归零码码变换为双极性归零码来进行传输。

(6) 传号反转码:传号反转(CMI)码编码规则:"0"编为"01","1"交替编为"00"或者"11"。

（7）信号交替反转码：信号交替反转（AMI）码编码规则是"0"编为"0"，"1"交替编为"－1"或者"＋1"。

当原信码出现长连"0"串时，造成提取信号的困难，HDB3 码就可以克服 AMI 码的缺点。

（8）三阶高密度双极性码：三阶高密度双极性（HDB3）码的编码规则是先检查消息码中"0"的个数，当小于或等于 3 个且连续时，HDB3 码与 AMI 码的编码规则同；当"0"为 4 个或以上，补破坏码 V，破坏码的极性也交替出现。

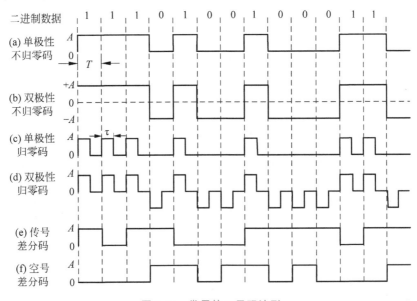

图 2-23　常用的二元码波形

【例 2-16】　一个消息码 0110000010000 1，求其 AMI 码。

AMI 码：0 ＋1 －100000 ＋10000 －1

AMI 码中有一串是 5 个"0"连续出现的，按照规则，就要补破坏码 V。变为

0 ＋1 －1000 V0 ＋1000 V －1

这个 V 的极性是什么呢，根据规则，每一个 V 的极性与前一个相邻的非"0"极性相同，第一个 V 相邻前面是"－1"，所以第一个 V 的极性是负的，第二个 V 相邻前面是"＋1"，所以第二个 V 的极性是正的。

所以变为

0 ＋1 －1000**－1**0 ＋1000 ＋**1**－1

加黑的字体是破坏码，破坏码是不会交替出现的，这就是最终的 HDB3 码。

【例 2-17】　一个消息码为 0110000110000 01，求其 AMI 码。

对应的 AMI 码 0 ＋1 －10000 ＋1 －100000 ＋1

有 4 个连续的"0"，补破坏码：

0 ＋1 －1000 V ＋1 －1000 V0 ＋1

加上极性后为

$0+1-1000-1+1-1000-10+1$

发现破坏码的极性不是交替出现的,都是"-1"。这时就补信码 B′。补信码 B′ 应该放哪里?

规则是序列中第二个破坏码向前面看(就是向左边看),这个破坏码极性如果与前面的一样,也就是不交替出现(注意:是第二个破坏码与第一个相比),应在这个破坏码的前面的 3 个 0 中的第一个 0 改为补信码 B′,如下:

$0+1-1000-1+1-1B'00-10+1$

补信码也是信码,而信码的极性是交替出现的,所以为

$0+1-1000-1+1-1+100+10-1$

注意,第二个破坏码的极性改变了,因为要和前面的非"0"信码的极性一样,而补信码也是信码。

2.4.2 数字基带信号传输

图 2-24 是典型的数字基带信号传输系统框图,它主要由发送滤波器(信号成形器)、信道、接收滤波器和抽样判决器组成。为了保证系统可靠有序地工作,还应有同步系统。

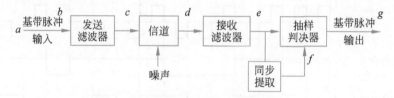

图 2-24 典型的数字基带信号传输系统框图

通常,传输码相应的波形是矩形脉冲,其频谱很宽,不利于传输,可采用发送滤波器来压缩输入信号频带,把传输码变成适宜于信道传输的基带信号波形,如升余弦型。

接收滤波器用来接收信号,尽可能滤除信道噪声和其他干扰,对信道特性进行均衡,使输出的基带波形有利于抽样判决。

抽样判决器则是在传输特性不理想及噪声背景下,在规定时刻(由定位时脉冲控制)对接收滤波器的输出波形进行抽样判决,以恢复或再生基带信号。

用来抽样的位定时脉冲依靠同步提取电路从接收信号中提取,位定时的准确与否将直接影响判决效果。

图 2-25 是数字基带传输中相应各点的波形,信号变换过程如下:

(1) 输入信号为方波脉冲 a(单极性不归零码);

(2) 经过数据处理之后,转换为所需的传输码型 b(双极性归零码);

(3) 通过发送滤波器压缩输入信号 b 的频带得到 c;

(4) 经信道传输得到带有噪声的粗糙波形 d;

(5) 通过接收滤波器后波形变得较为光滑 e;

(6) 抽样判决,还原出原始的信号 g。

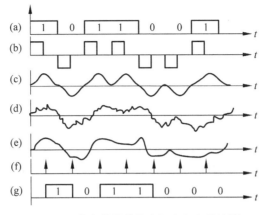

图 2-25　数字基带传输中相应各点的波形

2.5　数字调制与解调

视频

2.5.1　二进制数字调制

数字基带信号包含低频成分,不适合长距离电缆传输或者无线传输,必须进行调制。数字调制是指调制信号是数字信号,载波为余弦波的调制方法。由于调制信号是 1 和 0 的离散取值,数字调制称为"键控",数字调制的基本方式为幅移键控(ASK)、频移键控(FSK)和相移键控(PSK)。

1. 二进制幅移键控

二进制幅移键控(2ASK)是用基带信号去改变载波信号的幅度来传递消息。如图 2-26(a)所示,当信码为"1"时,2ASK 信号为若干个周期的载波;当信码为"0"时,2ASK 信号为零电平。

采用键控法产生 2ASK 信号如图 2-26(b)所示,用基带信号去控制开关电路:当出现"1"码时,开关指向载波端,输出载波;当出现"0"码时,开关置于接地端,无载波输出。

2ASK 的缺点是容易遭受突发脉冲的影响。

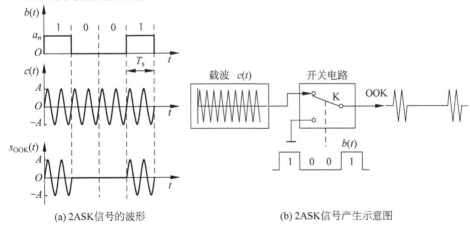

(a) 2ASK信号的波形　　　　　(b) 2ASK信号产生示意图

图 2-26　2ASK 信号波形及产生

2．二进制频移键控

二进制频移键控（2FSK）是用载波频率附近的两个不同的频率来表示数字信号的两个状态：当信码为"1"时，2FSK信号是频率为 f_1 的载波；当信码为"0"时，2FSK信号是频率为 f_2 的载波。正弦波频率的变化表现为疏密程度发生变化，如图2-27(a)所示，$f_1 > f_2$。

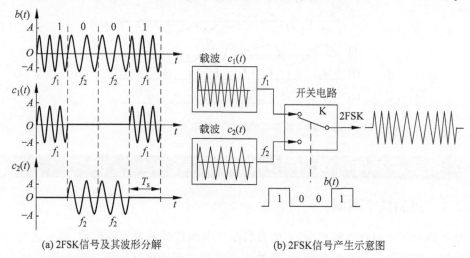

(a) 2FSK信号及其波形分解　　　　　　(b) 2FSK信号产生示意图

图 2-27　2FSK 信号波形及其产生

2FSK 信号可以看成两个不同频率的正弦波信号叠加，可采用键控法产生 2FSK，如图 2-27(b)所示，基带信号去控制一个选通器：当信码为"1"时，输出频率为 f_1 的载波；当信码为"0"时，输出频率为 f_2 的载波。

2FSK 的抗干扰能力比 2ASK 强。

3．二进制相移键控

二进制相移键控（2PSK）在无线通信中使用较多，其数据通过载波信号的位相偏移来表示。使用两个相差为 π 的相位来表示数字信号的两种状态：当信码为"1"时，2PSK 信号的位相与载波基准相位相同；当信码为"0"时，2PSK 信号的位相与载波基准相位相差为 π。

采用键控法产生 2PSK 信号如图 2-28(b)所示，由信码去控制开关电路进行选通：当信码为"1"时，输出 0 相载波；当信码为"0"时，输出 π 相载波。

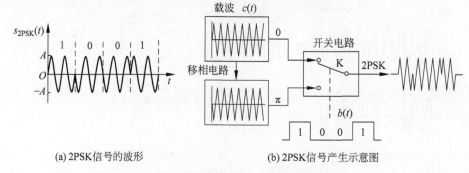

(a) 2PSK信号的波形　　　　　　(b) 2PSK信号产生示意图

图 2-28　2PSK 信号波形及其产生

经常采用模拟法产生 2PSK 信号,如图 2-29 所示,用双极性码去调制载波可以得到 2PSK 信号。

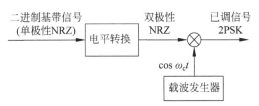

图 2-29   2PSK 调制器

注意,模拟法要先把单极性码变为双极性码,而且由于产生出准确的本地载波难度大,受环境干扰,经带压控振荡器(VCO)恢复出来的本地载波与所需要的相干载波可能同相,也可能反相。这种相位关系的不确定性称为(0,π)相位模糊度,会引起不正确的解调。

为了解决这个问题,采用了改进的二进制调制方法——二进制差分相移键控(2DPSK)。

4. 二进制差分相移键控

二进制相移键控信号的波形变化是以载波的相位作为参考基准的,又称为绝对相移键控。利用前后码元的载波相位相对变化来传送数字信息的方式称为差分相移键控(2DPSK)。

图 2-30 右下是 2DPSK 信号的波形:当信码为"1"时,载波的相位与前码元载波反相;当信码为"0"时,载波的相位与前码元载波同相。

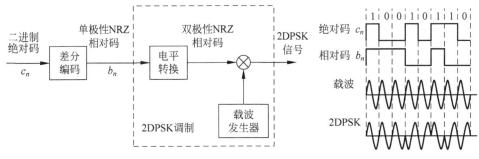

图 2-30   2DPSK 调制器及其波形

产生 2DPSK 信号有以下两个步骤:

(1) 由二进制绝对码采用以下公式得到单极性 NRZ 相对码:

$$b_n = c_n \oplus b_{n-1} \tag{2-23}$$

式中:"$\oplus$"表示模 2 加。

根据图 2-30 右上的数据,假定 $b_0 = 0, c_n = [1\,0\,0\,1\,0\,1\,1\,0]$,

c_n: 1 0 0 1 0 1 1 0

b_n: 0 1 1 1 0 0 1 0 0

(2) 采用模拟方法以双极性 NRZ 相对码去调制载波函数得到 2PSK 信号。

2.5.2 数字信号的解调

数字信号的解调主要有非相干解调和相干解调。

1. 非相干解调

图 2-31 是 2ASK 信号的非相干解调框图。图 2-32 是 2ASK 信号的非相干解调过程：2ASK 信号通过带通滤波后得到 a；a 送入整流器得到 b，没有了负值，但可以看到 b 信号幅度呈现了一些波纹，然而通过低通滤波，信号幅度就平滑了，得到 c，c 进入抽样判决器；在判决器中设定了判决门限，定时脉冲对准码元波形的中央位置，得到了一个样值，当样值超过门限时就判为 1，否则就判为 0；最后根据码元波形再生出基带信号 d。

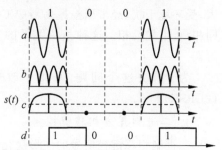

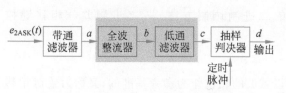

图 2-31 2ASK 信号的非相干解调框图

图 2-32 2ASK 信号的非相干解调过程

注意，在抽样判决中，码元宽度和信号的波形决定解调的结果。

2. 相干解调

如图 2-33 所示，2PSK 信号通过带通滤波后得到 a；b 为本地载波，它与 a 相乘后变为 c，c 包含负脉冲串和正脉冲串，在正、负两个方向的幅度都有波纹，但是经过低通滤波后得到了平滑，得到 d；d 进入抽样判决器，定时脉冲对准码元宽度的中间位置，得到一个样值；当样值为负时就判为 1，否则就判为 0；最后根据码元波形再生出基带信号 e。

注意，上述解调过程中，为什么 d 为负时判为"1"，d 为正时判为"0"？因为此处 2PSK 对应的基带信号是双极性码，这里的双极性码是规定"1"对应负值，"0"对应正值，如图 2-34 所示。

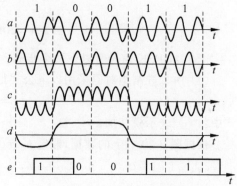

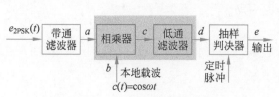

图 2-33 2PSK 的相干解调原理图

图 2-34 2PSK 信号的相干解调过程

2.5.3 数字调制系统性能比较

不同的调制和解调方式可组合成多种数字通信系统的方法。假定信道具有不随时间变化的特性,信号在信道频带范围内具有理想的矩形,噪声为加性高斯白噪声,不同数字通信系统的性能仿真结果如图 2-35所示。

在图 2-35 中,r 是解调器输入端的信噪比,r 越大表示接收到的通信信号质量越高,P_e 是通信系统输出误码率,误码率越低,通信系统抗噪声性能越好。

由此可见,对同一种数字调制方式,采用相干解调的误码率低于非相干解调的误码率。注意,P_e 一定时,各种数字调制系统所需要的信噪比为 $r_{2ASK} = 2r_{2FSK} = 4r_{2PSK}$,

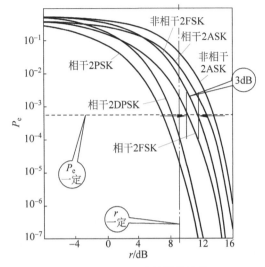

图 2-35 不同方法的性能比较

换为分贝即所需要的信噪比,2ASK 比 2FSK 大 3dB,2FSK 比 2PSK 大 3dB,2ASK 比 2PSK 大 6dB。信噪比 r 一定时,最好的调制方法是 2PSK,最差的是 2ASK。

因此,数字调制中,2PSK 系统性能最佳,但是需提取同步载波信号,而且 2PSK 系统会出现"反相工作"现象,实际工程中多采用 2DPSK 系统。

2.6 复接技术

2.6.1 时分复用

时分多路复用(TDM)以时间的不同来区分不同用户的信号,故必须使各路信号在时间轴上互不重叠。图 2-36 为 n 路时分复用原理框图。为保证正常通信,收、发端旋转开关 K_1、K_2 必须同频同相,同频是指旋转速度完全相同,同相指发端旋转开关 K_1 连接第一路信号时,收端旋转开关 K_2 也必须连接第一路,否则收端将收不到本路信号。旋转开关转动一周,传的数据为一帧,所以一帧内有 n 个时隙。

2.6.2 脉冲编码调制基群帧

采用 TDM 的数字通信系统,在中继线上传输的数据格式国际上已建立起标准,原则上是先把一定路数的电话复合成一个标准数据流(称为基群),再把基群数据流采用复接技术汇合成更高速的数据(称为高次群)。

帧结构是把多路语音数字码以及插入的各种标记码按照一定的时间顺序排列的数字码流。我国采用的是 PCM 30/32 路基群结构,如图 2-37 所示。

每一路信号占用不同的时间位置,称为时隙,用 TS_0,TS_1,…,TS_{31} 表示。每个时隙

视频

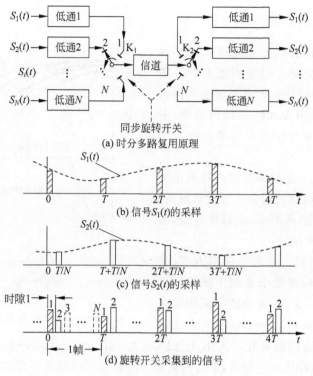

(a) 时分多路复用原理

(b) 信号 $S_1(t)$ 的采样

(c) 信号 $S_2(t)$ 的采样

(d) 旋转开关采集到的信号

图 2-36 时分复用

包含 8 位。TS_0 用于传同步码，TS_{16} 用于传信令码。

$TS_1 \sim TS_{15}$ 传前 15 个话路的语音数字码，$TS_{17} \sim TS_{31}$ 传后 15 个话路的语音数字码。显然，在 32 个时隙中只有 30 个时隙用于传语音，称为 30 话路 32 时隙，记作 PCM 30/32，如图 2-37 所示。

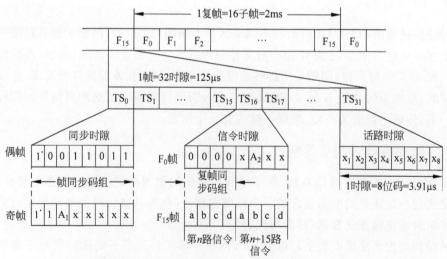

A_1—帧对局告警用； A_2—复帧对局告警用；1—留给国际用，暂定为 1；x—传数据用。

图 2-37 PCM 30/32 路基群复用的帧结构

将所有话路都抽样一次的时间叫帧长,也就是同一个话路抽样两次的时间间隔。在帧长内的数据称为帧,每一帧包含 32 个时隙的数据码流。

一般而言,一条中继线中传输的至少是基群帧信号,包含 30 个时隙的用户码流数据和 2 个时隙的标识码流数据。

对于 PCM 30/32,每 16 帧构成一个复帧。

【例 2-18】 PCM 30/32 的帧长是多少?数据传输速率是多少?

解:因为每个话路的抽样频率是 8000Hz,即每秒抽样 8000 次,所以两个抽样值之间的时间间隔是 1/8000Hz,等于 $125\mu s$,这也就决定了帧长是 $125\mu s$。

在 $125\mu s$ 内,各路信号顺序出现一次,形成的时分复用信号为一帧,数据传输速率是 $32\times 8/(125\times 10^{-6})=2.048(Mb/s)$。

视频

2.6.3 PDH 复接

从交换原理可知,一条中继线上至少有 32 个时隙的数据在传输。事实上,电话通信中如果传输线每次只传一路语音信号,对线路资源是极大的浪费,因此,需要把多路语音信号变成高速率信号来传输。准同步数字序列(PDH)就是一种用来传送高速信号的制式。

1. 复接的概念

例如,工厂送一批杯子到各个商店,不会一次送一只杯子,会把很多杯子装在箱子里一次送过去。为了装卸和运输方便,准备四种装杯的箱子,并分别标号 1、2、3、4,如图 2-38 所示。

先将 30 只杯子装在 1 个 1 号箱子里,再将 4 个 1 号箱子装在 2 号箱子里。由于 2 号箱子的体间比 4 个 1 号箱子还大一些,为了防止 1 号箱子在 2 号箱子中滑动,给 2 号箱子里塞一些填充物。同样,再将 4 个 2 号箱子装到 1 个 3 号箱子中,4 个 3 号箱子装到 1 个 4 号箱子中,3 号箱子和 4 号箱子中也要塞填充物,最后把杯子送到目的地。

图 2-38 四种装杯的箱子

复接是利用时间的可分性,采用时隙叠加的方法把多路低速的语音信号(也称为支路码流),在同一时隙内合并成为高速信号的过程。其反变换过程是从高速信号中取出低速信号,称为解复接。

PDH 的复接过程和装杯子过程类似。将 1 号箱对应的 PDH 信号称为基群信号,它包含 32 路数据(其中 30 路语音信号,2 路信令信号),对应的速率是 $64kb/s\times 32=2.048Mb/s$;再往上,每 4 路底次群信号复接成 1 路高次群信号。箱子和 PDH 的对应关系见表 2-4。

表 2-4 箱子和 PDH 的对应关系

箱 子	所装杯子数	对应 PDH 群次	速率/(Mb/s)	包含话路数
1 号	30	基群	2.048	30
2 号	30×4=120	2 次群	8.448	120

续表

箱　子	所装杯子数	对应 PDH 群次	速率/(Mb/s)	包含话路数
3 号	120×4=480	3 次群	34.368	480
4 号	480×4=1920	4 次群	139.264	1920

由表 2-4 中的速率列可见,二次群的速率并不是基群速率的 4 倍,而是比基群速率的 4 倍略大一些,这是因为在复接过程中为了适配和容纳各级支路信号速率的差异插入了一些填充字节,就像在 2 号箱中塞入了填充物一样。同样,三次群和四次群速率也有这种情况。正是因为这种复接不是完全同步,所以称为"准同步复接"。

图 2-39 表示出了 4 路 PCM30/32 基群复接成二次群的情形。图 2-39(a)是 4 个用户的基群码流,图 2-39(b)和(c)第一次复接后的码流,称为二次群码流。

如图 2-39(b),4 个用户依次把第一个比特排成一行,然后依次把第二个比特排在该行后,直到排完全部比特。这种排列是逐比特拼接,称为按位数字复接。

1 字节有 8 位(bit),如果按照逐字节拼接就称为按字数字复接,图 2-39(c)就是这样的复接。

关于复接应注意以下两个问题:

(1) **复接是同时隙合并**。在上述复接过程中,基群中 8 位所占的时间长度与二次群 32 位所占的长度相等。

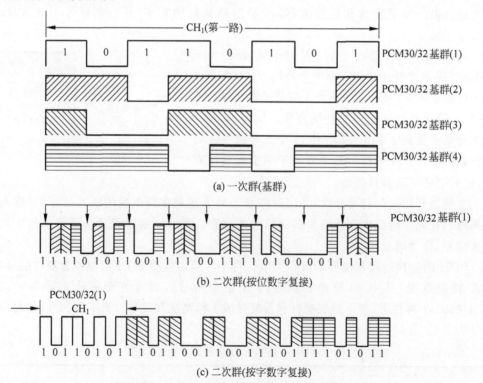

(a) 一次群(基群)

(b) 二次群(按位数字复接)

(c) 二次群(按字数字复接)

图 2-39　按位复接和按字复接示意图

（2）**复接和时分复用不同**。时分复用系统中，各个用户的信号是轮流在信道中传输，实现方式如图 2-36(a)所示，信号传输的速率为单个用户的速率，即 64kb/s。

数字复接系统包括数字复接器和数字分接器。数字复接器是把两个以上的低速数字信号合并成一个高速数字信号，数字分接器是把高速数字信号分解成相应的低速数字信号。一般把两者做成一个设备，简称为数字复接器，如图 2-40 所示。复接器由定时、码速调整和复接单元组成，分接器由同步、定时、分接和支路码速恢复单元组成。

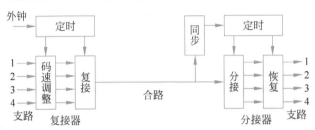

图 2-40 数字复接器

比如，基群的复接是把 32 路速率为 64kb/s 的用户信号变成约 2Mb/s 的信号。由此可见，这两种情况某一时刻通过信道的数据都仅有一个用户的数据，但是信道中数据传输速率不同。

2. PDH 的解复接和复接过程

假如在光纤干线中传输的信号是 140Mb/s 的数字码流，要从高速数据中取出对应于 64kb/s 信号的用户数据，需从 140Mb/s 码流中分插出一个 2Mb/s 的低速支路信号。采用 PDH 时，光信号经光/电转换成电信号后，需要经过 140Mb/s→34Mb/s(140M 解复接到 34M)，34Mb/s→8Mb/s 和 8Mb/s→2Mb/s 这三次解复接到 2Mb/s 下话路，再经过 2Mb/s→8Mb/s(2M 复接到 8M)，8Mb/s→34Mb/s 和 34Mb/s→ 140Mb/s 三次复接到 140Mb/s 来进行传输，如图 2-41 所示。

由上可见，PDH 系统不仅复用结构复杂，也缺乏灵活性，硬件数量大，上下业务费用高，数字交叉连接功能的实现也十分复杂。随着光纤通信的发展，四次群速率已不能满足大容量高速传输要求。

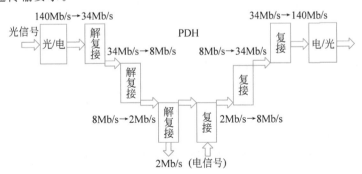

图 2-41 PDH 的解复接和复接过程

为了满足现代电信网络的发展需要和用户的业务需求，最佳的解决途径就是从技术体制上进行根本的改革。1988 年,确定四次群以上采用同步数字序列体制(SDH),于是 SDH 作为一种结合了高速大容量光传输技术和智能网络技术的新体制在这种情况下诞生了。如图 2-42 所示,在 ADM 模块,可以直接上下 2Mb/s 的低速支路信号。

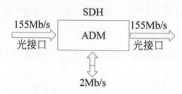

图 2-42　SDH 的解复接和复接过程

2.7　仿真实验

2.7.1　通信系统性能评价

有效性和可靠性是通信系统最重要的两个质量指标,有效性是指通信系统传输消息的快慢,可靠性是指通信系统传输消息的好坏。

对于模拟通信来说,系统的有效性和可靠性可用系统有效带宽和输出信噪比来衡量。模拟系统的有效传输带宽越大,系统同时传输的话路数也就越多,有效性就越好。对于数字通信系统而言,系统的有效性和可靠性可用传输速率和传输差错率来衡量。

1. 传输速率

传输速率是衡量通信系统传输能力的质量指标,它反映了系统的有效性,常用的有以下三种指标:

(1) 码元速率(R_B)。携带消息的信号单元称为码元,单位时间内传输的码元数称为码元速率,又称码元传输速率,单位为波特(Baud)。注意,此处传输的码元可以是二进制的,也可以是多进制的。

(2) 信息速率(R_b)。在单位时间内传输的平均信息量称为信息速率,也称为比特率,单位是比特/秒(b/s)。注意码元速率和信息速率定义不同。对于等概的 M 元码而言,有 $R_b = R_B \log_2 M$(b/s),当 $M=2$ 时,两者在数量上相等。数字通信系统更多采用比特率为衡量标准。

(3) 频带利用率(η)。通频带受限制的信道简称频带受限信道,常用"频带利用率"来衡量传输系统的有效性,它是指单位频带内所能实现的信息速率,单位是比特/(秒·赫)(b/(s·Hz))。当信道的通频带宽度确定后,能实现的信息速率越高,说明频带利用率越高。

2. 传输差错率

传输差错率是指衡量通信系统传输质量的一种重要指标。差错率越大,表明系统可靠性越差。差错率通常有以下两种表示方法:

(1) 码元差错率(P_e)。简称误码率,定义为发生差错的码元数与传输码元总数之比。

（2）信息差错率（P_{b}）。简称误信率或误比特率，定义为传错的比特数与总比特数之比。

用二元码传输时，$P_{\mathrm{e}}=P_{\mathrm{b}}$，而用 M 元码传输时两者不等。

2.7.2　A 律 13 折线的脉冲编码调制仿真

在电话通信系统中，数字化是一项关键技术，一般采用 A 律 13 折线的 PCM。

在 PCM 中，信号在幅度域上连续的样值用近似的办法将其变换成幅度离散的值，称为量化值，而编码把量化值变换成一组二进制序列。A 律 13 折线 PCM 对抽样值先压缩再均匀量化来实现非均匀量化，如图 2-43 所示。

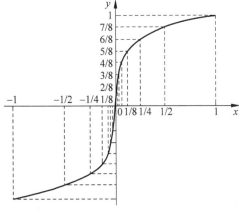

图 2-43　A 律 13 折线

图 2-43 中，横坐标表示输入信号的归一化幅度，为 0～1，将其不均匀地划分为 8 个区间，每个区间长度以 1/2 递减，即划分点分别取 1 的 1/2 为 1/2，1/2 的 1/2 为 1/4，以此类推，直到取 1/64 的 1/2 得到 1/128；纵坐标表示输出信号幅度 0～1 被均匀划分为 8 个区间，每个区间长度为 1/8。输入信号和输出信号按照对应顺序形成 8 个线段，正、负方向各有 8 段，一共 16 段，将此 16 段线段相连成一条折线，在正方向上有 8 条线段。由于正、负方向的第一段和第二段斜率相同而合成一条线段，因此实际上有 13 段折线，因此称为 A 律 13 折线。

在 A 律 13 折线编码中，正、负方向共 16 条线段，在每一段落内有 16 个均匀分布的量化电平，因此总的量化电平数 $L=256$，编码位数 $n=8$。8 位码为

$$[M_0\quad M_1\quad M_2\quad M_3\quad M_4\quad M_5\quad M_6\quad M_7]$$

M_0 为极性码，0 代表正极性，1 代表负极性；$M_1\sim M_3$ 为段落码，表示信号绝对值处在哪个段落，3 位码表示 8 个段落的起始电平值；$M_4\sim M_7$ 为段内码，表示同一个段落内的 16 个量化电平值。如此，8 个段落被划分成 128 个量化级。段落码和段内码之间的关系如表 2-5 所示。

表 2-5　段落码和段内码的编码规则

段落号	段落码			段落码对应的电平范围	段内电平码对应的电平				段内量化间隔
	M_1	M_2	M_3		M_4	M_5	M_6	M_7	
0	0	0	0	0～16	16	8	4	2	2
1	0	0	1	16～32	16	8	4	2	2
2	0	1	0	32～64	32	16	8	4	4
3	0	1	1	64～128	64	32	16	8	8
4	1	0	0	128～256	128	64	32	16	16

续表

段落号	段落码			段落码对应的电平范围	段内电平码对应的电平				段内量化间隔
	M_1	M_2	M_3		M_4	M_5	M_6	M_7	
5	1	0	1	256～512	256	128	64	32	32
6	1	1	0	512～1024	512	256	128	64	64
7	1	1	1	1024～2048	1024	512	256	128	128

基于 PCM 的通信系统模型如图 2-44 所示,发送端包括 PCM 编码器和脉冲成形,接收端包括低通滤波、抽样判决和 PCM 解码,噪声信道是高斯白噪声信道。

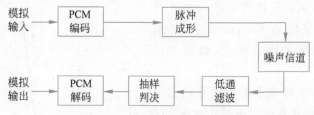

图 2-44　基于 PCM 的通信系统模型

运行程序文件 test_2_7_2,可以看到,输入模拟信号和经过 A 律 13 折线 PCM 量化和编码后的信号如图 2-45 所示,基带信号采用 NRZ。

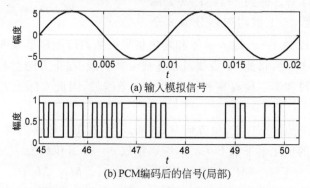

(a) 输入模拟信号

(b) PCM编码后的信号(局部)

图 2-45　输入模拟信号和 PCM 编码后的信号

通过高斯白噪声信道后的接收到的信号、低通滤波后的波形、抽样判决器后的波形(局部)和 PCM 解码后信号如图 2-46 所示。

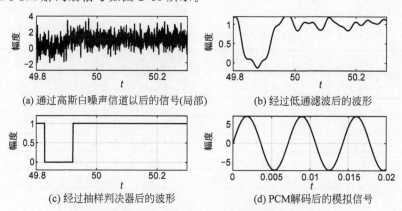

(a) 通过高斯白噪声信道以后的信号(局部)　　　(b) 经过低通滤波后的波形

(c) 经过抽样判决器后的波形　　　(d) PCM解码后的模拟信号

图 2-46　接收信号及其处理结果

由上可见，尽管有噪声干扰，经过 A 律 13 折线 PCM 解码的信号，与如图 2-45 所示的输入相比，波形非常相似。

2.7.3 基带传输系统仿真

传输码波形采用矩形脉冲，其频谱很宽，容易产生码间干扰，因此可采用如图 2-47 所示的升余弦波形。

典型的数字基带信号传输系统仿真模型如图 2-48 所示，它主要由发送滤波器（信号成形器）、信道、接收滤波器和抽样判决器组成。

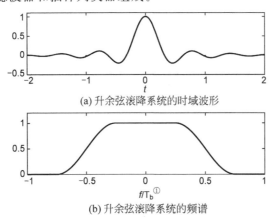

(a) 升余弦滚降系统的时域波形

(b) 升余弦滚降系统的频谱

图 2-47　升余弦滚降系统的时域波形和频谱

运行程序文件 test_2_7_3，可以看到，在发送端，输入的消息序列(1 1 1 1-1-1)经过发送滤波器（升余弦滚降系统）后得到如图 2-49 所示的发送信号。在接收端，由于信道有噪声干扰，如图 2-50 所示，接收的带噪信号经过接收滤波器后滤除了噪声，得到了较好的基带波形，最后经过抽样判决，重现了消息序列。

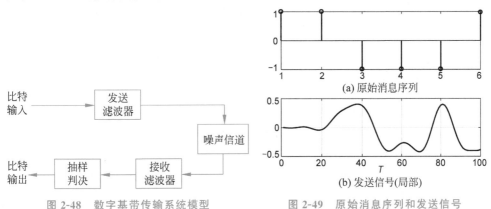

图 2-48　数字基带传输系统模型　　　图 2-49　原始消息序列和发送信号

在这个仿真实验中，通过改变信道的噪声强度，可统计不同信噪比情况下发送消息

---

① T_b 是一个码元间隔。

序列和接收消息序列的误比特率,结果如图 2-51 所示。由图可见,接收信号的 SNR 越高,信号的质量越好,通信系统的误码率(BER)越低。

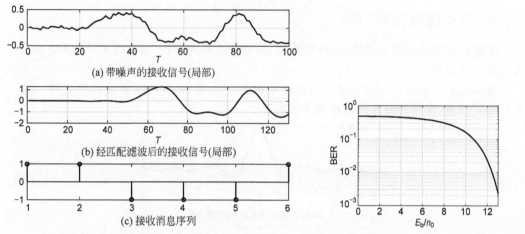

图 2-50　接收端接收的信号及其处理结果　　　　图 2-51　通信系统在不同噪声情况下的误码率

2.7.4　基于 2ASK 的通信系统仿真

2ASK 是用基带信号去改变载波信号的幅度来传递信息,基于 2ASK 的通信系统模型如图 2-52 所示。

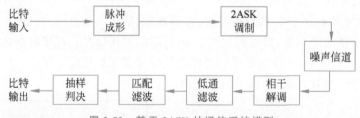

图 2-52　基于 2ASK 的通信系统模型

运行程序文件 test_2_7_4,可以看到,在发送端由输入的原始消息序列,通过脉冲成形产生基带信号,然后通过幅度调制得到 2ASK 信号,如图 2-53 所示。

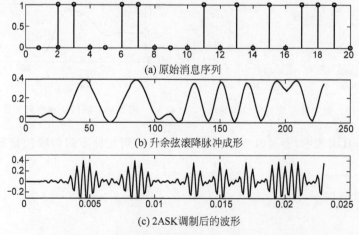

图 2-53　原始消息序列、基带信号和 2ASK 信号

图 2-54 为接收端接收到的带噪信号和处理后的结果。由图可以看到,接收的带噪信号经过接收滤波器滤除噪声得到了较好的基带波形,最后经过抽样判决重现了消息序列。

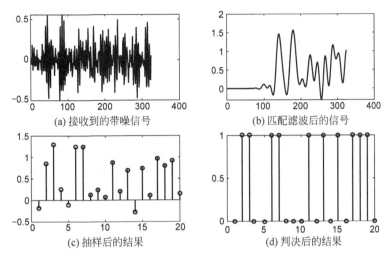

(a) 接收到的带噪信号

(b) 匹配滤波后的信号

(c) 抽样后的结果

(d) 判决后的结果

图 2-54 接收端接收到的带噪信号及其处理后的结果

2.7.5 基于 2FSK 的通信系统仿真

2FSK 是用载波频率附近的两个不同的频率来表示数字信号的两个状态。基于 2FSK 的通信系统模型如图 2-55 所示。

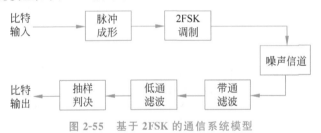

图 2-55 基于 **2FSK** 的通信系统模型

运行程序文件 test_2_7_4,可以看到,在发送端由输入的原始消息序列,通过脉冲成形和频率调制得到 2FSK 信号,如图 2-56 所示。

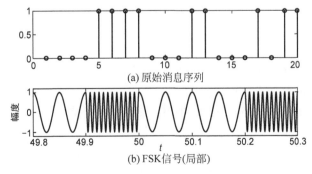

(a) 原始消息序列

(b) FSK信号(局部)

图 2-56 原始消息序列和 **FSK** 信号

图 2-57 为接收端收到的带噪信号。图 2-58 为接收信号处理后的结果。由图可以看到,接收的带噪信号经过接收滤波器后滤除噪声,得到了较好的基带波形。如图 2-59 所示,经过抽样判决重现了消息序列。

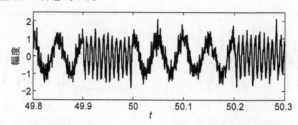

图 2-57　通过高斯白噪声信道以后的 FSK 信号(局部)

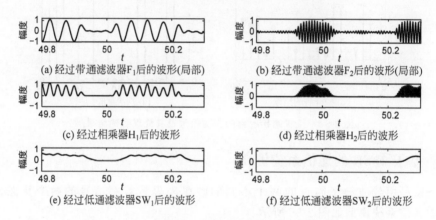

(a) 经过带通滤波器F₁后的波形(局部)　　　　(b) 经过带通滤波器F₂后的波形(局部)

(c) 经过相乘器H₁后的波形　　　　(d) 经过相乘器H₂后的波形

(e) 经过低通滤波器SW₁后的波形　　　　(f) 经过低通滤波器SW₂后的波形

图 2-58　经滤波后的波形

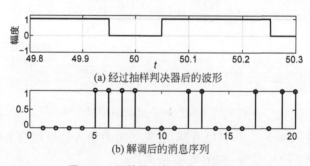

(a) 经过抽样判决器后的波形

(b) 解调后的消息序列

图 2-59　经抽样和解调的消息序列

2.7.6　基于 2PSK 的通信系统仿真

2PSK 使用两个相差为 π 的相位来表示数字信号的两种状态,两部分的正弦波刚好倒相。基于 2PSK 的通信系统模型如图 2-60 所示。

运行程序文件 test_2_7_6,可以看到,在发送端由输入的原始消息序列变为单极性基带信号和双极性基带信号,再去调制载波可以得到 2PSK 信号,如图 2-61 所示。

图 2-62 为接收端收到的带噪信号和处理后的结果。由图可以看到,接收的带噪信号经过相干解调和接收滤波器,噪声和干扰大大降低,得到了较好的基带波形,最后经过抽

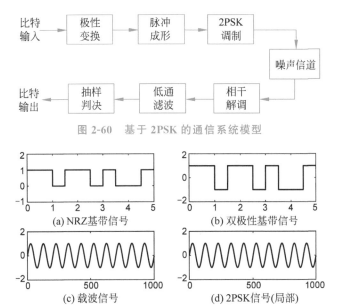

图 2-60 基于 **2PSK** 的通信系统模型

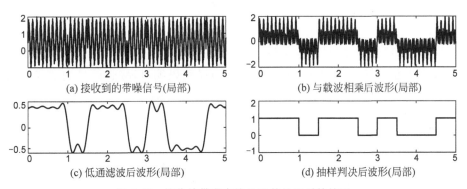

图 2-61 基带信号、载波信号和 **2PSK** 信号

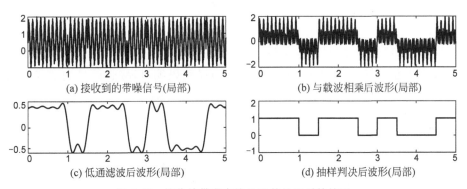

图 2-62 接收的带噪声信号及其处理后的结果

样判决重现了原来的基带信号。

2.7.7 线性分组码的标准阵列译码

对例 2-3 中的(5,2)系统线性码的生成矩阵是

$$G = \begin{bmatrix} 1 & 0 & 1 & 1 & 1 \\ 0 & 1 & 1 & 0 & 1 \end{bmatrix}$$

编写程序 test_2_7_7，采用标准阵列来译码。

可以验证，当出现两位错误：

e1＝3；c(e1)＝～c(e1)；

e2＝4；c(e2)＝～c(e2)；

结果是：第 3 和 4 位有错。

正确码字为 1 1 0 1 0。

2.7.8 卷积码和分组码的性能比较

不同的信道编码会得到不同的性能,运行程序文件 test_2_7_7,可以看到如图 2-63 所示的结果。

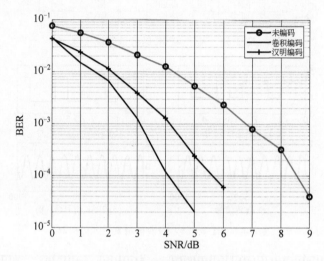

图 2-63　不同信道编码的性能比较

对于高斯白噪声加性信道,在通信系统的误码率要求达到 10^{-4} 的前提下,如果不编码,接收信号的信噪比要求为 8.3dB;如果采用汉明码编码,接收信号的信噪比要求为 6dB;而采用卷积码编码,接收信号的信噪比要求为 4.6dB。

习题

1. 画出数字通信系统的组成框图,并说明各部分的作用。
2. 简述 PCM 把模拟信号变为数字比特的过程。
3. 画出数字基带传输系统的组成框图,并说明各部分的作用。
4. 画出二进制代码 1001100101 的 2ASK、2FSK、2PSK 和 2DPSK 的波形。

第 3 章

微波通信系统

【要求】

①理解微波通信的概念；②理解微波通信系统的组成；③了解微波通信的历史；④理解微波通信的特点；⑤理解并掌握微波通信中继方式；⑥理解微波天线的作用；⑦理解微波的自由空间传播、反射、绕射、大气折射和大气的吸收；⑧理解抗衰落技术；⑨了解高阶调制技术。

3.1 微波通信的概述

3.1.1 微波通信的概念

微波通信是指以微波作为载波，通过电波在空间中传播来传递消息的通信方式。

微波是一种频率极高、波长很短的电磁波。微波的所谓"微"是指其波长比普通无线电波波长更微小，微波的波长范围为 1mm～1m，频率范围为 300MHz～300GHz，如图 3-1所示。微波可分为分米波、厘米波和毫米波，分别对应频段为 $0.3～3$GHz 的特高频（UHF），频段为 $3～30$GHz 的超高频（SHF），频段为 $30～300$GHz 的极高频（EHF）。

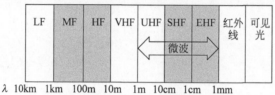

图 3-1 微波的波长范围

采用微波作为载波进行通信主要有以下三种方法：

（1）散射通信：对流层或者电离层中的不均匀性介质，对电磁波产生散射，散射通信就是指利用这种作用进行的远距离通信。

（2）卫星通信：它是利用人造地球卫星作为中继站来转发无线电波，实现两个或多个地球站之间的通信。

图 3-2 微波通信的中继示意图

（3）微波中继通信：借助地面架设的微波中继站的转发而实现远距离的通信，如图 3-2 所示。

注意，由于卫星通信实际上也是在微波频段采用中继方式通信，只不过它的中继站设在卫星上而已。为了与卫星通信区别开来，这里所说的微波中继通信是指限定在地面上的中继通信，习惯把这种通信简称为微波通信。

微波通信采用中继方式有以下两个直接原因：

（1）**微波传播具有视距传播特性**。视距传输就是发送天线和接收天线之间没有障碍物阻挡，可以相互"看见"的传输方式。

微波在空中的传播特性与光波相近，也就是沿直线传播，地球表面是一个曲面，天线架高有限,当通信距离超过一定数值时,电磁波传播将受到地面的阻挡,如图3-3所示。

（2）**微波传播有损耗**。微波在空间中传输会有损耗,频率越大,损耗就越大,所以微波通信的远距离传输必须采用中继方式对信号逐段接收、放大和发送。

图3-3 视距传播被遮挡

【例 3-1】 如图 3-4 所示,已知地球的半径 $r=$ 6370km,天线距离地面高度 $h=50$m,那么最大可视距离是多少?

解:地球是一个曲面,最大可视距离是收发连线刚好通过地球表面的距离。为了找到 d、r 和 h 的关系,可以找到一个直角三角形,利用勾股定理得到

$$(d/2)^2 + r^2 = (h+r)^2$$

于是有,$d \approx \sqrt{8hr}$。由 $r=6370$km,$h=50$m,求得最大视距 $d=50$km。

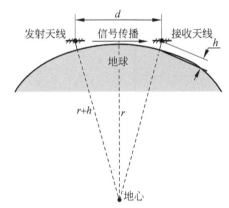

图3-4 最大可视距离与天线高度之间的关系

3.1.2 微波通信系统基本构成

常见的数字微波通信设备如图3-5所示,这些设备包括天线、室外单元、室内单元和中频电缆。

实际上,室外单元是一个收信机和发信机。发信机的作用是将中频信号通过放大,

视频

上变频变为射频信号,然后采用射频放大和滤波后耦合进天线;收信机把从天线中耦合进来的射频信号进行滤波和射频放大,然后通过下变频变为中频信号,最后通过中频放大后利用中频线把它送入中频解调器。室内单元相当于一个用户终端,它的作用主要是中频调制和解调,通过用户的数字基带信号去调制 70MHz 的载波得到数字中频信号,再送到发信机;或者与其相反。微波通信系统基本结构如图3-6所示。

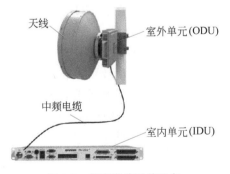

图3-5 数字微波通信设备

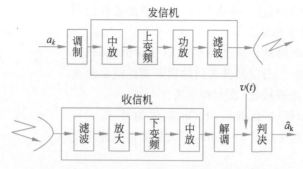

图 3-6　微波通信系统基本结构

　　微波的调制分为射频调制和中频调制。射频调制是将基带信号对微波振荡器输出的射频载波信号进行直接调制,已调信号经过微波功放和微波滤波后通过天馈系统发送出去,这种发信机结构简单,但其关键设备微波功率放大器的制作难度较大,通用性也较差。中频调制的发信机是先用基带信号 $\hat{a}_k$ 对中频振荡器输出的中频载波信号进行调制,再经过功率中放、上变频,最后经过微波功放和微波滤波,通过天馈系统发送出去,这种发信机的通用性较好。

　　典型的微波通信系统包括用户终端、交换机、终端复用设备、微波站、中继站等设备,如图 3-7 所示。

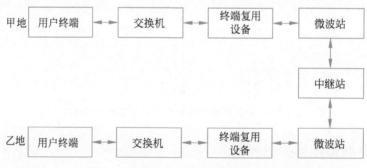

图 3-7　典型微波通信系统的设备构成

　　利用微波通信的长途电话工作过程:甲地发端用户的电话信号先进入用户所属的市话局,再送到该端的长途电信局。在长途电信局,时分多路复用设备将多个用户电话信号组成复用信号,然后复用数字信号进行中频调制。调制器输出的 70MHz 中频已调波送到微波发信机,经发信混频得到微波射频已调波,这时已将发端用户的数字电话信号加载到微波频率上。经发端的天线馈线系统,可将微波射频已调波发射出去。若甲、乙两地相距较远,则需经若干个中继站对发端信号进行多次转发。信号到达收端后,经收端的天线馈线系统馈送到收信机,经过收信混频后,将微波射频已调波变成 70MHz 中频已调波,再进行解调,即可解调出多个用户的数字电话信号(基带信号);再经收端的时分多路复用设备进行分路,将用户电话信号送到市话局,最后到收端的用户终端(电话机),送给乙地用户。

3.1.3 微波通信的发展历史

1931 年,在英国多佛尔和法国加莱之间建立了世界上第一条超短波通信线路,横跨了英吉利海峡。第二次世界大战之后,微波通信获得了迅速发展。1945 年,美军建立了微波通信系统,如图 3-8 所示。1947 年,美国贝尔实验室在纽约和波士顿之间建立了世界上第一条模拟微波通信线路。1950 年出现了世界上第一台商用的微波通信系统 TD-2。为了提高通话的质量,20 世纪 60 年代出现了数字微波接力系统。为了提高频谱效率,出现了 512QAM 等高状态调制方式。1979 年,日本商用微波通信系统通信容量达到了 3600 条话路。1980 年,美国商用微波通信系统 AR6A 采用单边调制技术,通信容量达到了 6000 条话路。1988 年,国际电信联盟(ITU)在美国 SONET 的基础上,提出了 SDH 传输网标准。

据统计,在发达国家,微波通信在长途通信网中所占的比例超过 50%;而采用微波通信的"战术数据链"已成为现代军事体系下必不可少的技术核心之一,如图 3-9 所示。

图 3-8 美军建立的微波通信系统

图 3-9 战术数据链

视频

3.1.4 微波通信的特点

微波通信主要有以下特点:

(1)频带宽,容量大。微波频段占用的频带约为 300GHz,而全部长波、中波和短波频段占有的频带总和小于 30MHz,如图 3-10 所示。占用的频带越宽,信道容量也越大,可同时工作的用户就越多。当前,一套微波通信设备可以容纳上万条话路同时工作。

(2)受外界干扰小。工业活动,雷电天气和太阳黑子的活动会对地面设备的工作产生干扰,它们的频率小于 100MHz,而微波的频率远大于 100MHz,因此微波通信稳定可靠,如图 3-11 所示。

图 3-10 微波通信的高带宽

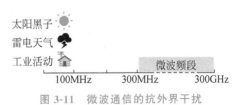

图 3-11 微波通信的抗外界干扰

（3）机动灵活。微波通信采用无线通信方式，可以跨越江河和高山。在遭遇地震、洪水、战争等灾害时，通信的建立、撤收及转移都比较容易，比电缆通信和光纤通信具有更大的灵活性，如图 3-12 所示。

（4）天线增益高，方向性强。电磁波波长越短，天线增益越高。微波通信的工作波长短，容易制成高增益天线，如图 3-13 所示。另外，微波电磁波具有直线传播特性，而且可以利用微波天线把电磁波聚集成很窄的波束，减少通信中的相互干扰。

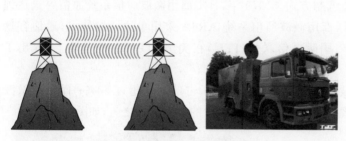 

图 3-12 微波通信的机动灵活　　　　　　图 3-13 微波高增益天线

（5）投资少，建设快。微波通信线路的建设费用约为同轴电缆通信线路的 1/5，可以节约大量有色金属。

3.2 微波通信中继方式

视频

3.2.1 微波通信线路构成

图 3-14 是微波通信网络，一条微波中继信道由终端站、中继站和枢纽站三种微波站组成。

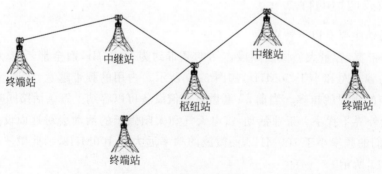

图 3-14 微波通信网络

终端站是将数字终端设备送来的 PCM 信号经中频调制后再进行上变频变为微波信号发射出去，同时接收传来的微波信号，将其下变频变为中频信号并解调还原成 PCM 信号送往数字终端设备。

中继站可以是中间站，将一个方向来的微波信号接收下来，经过处理后再向另一个方向发送出去,中间不分出和插入信号。中继站可以是再生中继站,它处于线路中间,站上配有传输设备和分插复用设备,除了可以沟通干线上两个方向间的通信外,还可在本站上下部分支路。

枢纽站处于干线上,完成数个方向上的通信任务,就其每一个方向来说枢纽站都可以看作一个终端站。在枢纽站中,可以像终端站那样发送和接收全部或部分支路信号,也可以像再生中继站那样转接全部或部分支路信号。

由此可见,中继技术是微波通信实现遥远距离通信的重要技术,下面介绍微波通信中不同的中继方式。

3.2.2 中继方式

数字微波通信的中继方式分为直接中继、外差中继和基带中继。

1. 直接中继

直接中继如图 3-15 所示,首先注意系统的输入和输出。在通信信号中继过程中,输入频率为 f_1 的微波信号,输出频率为 f_1' 的微波信号,它们频率的不同是为了防止收、发间的同频干扰,需要进行移频,所以系统有一个变频器。

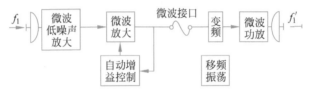

图 3-15　直接中继

如图 3-15 所示,输入的微波电磁信号被天线接收,经过耦合变为射频信号,射频信号经低噪声放大,送入第一个功率放大器放大,然后变频后送入第二个功率放大器进行放大,最后耦合入天线,由天线辐射出去。

第一个功率放大器采用了自动增益控制措施,是为了克服传播衰落引起的电平抖动。

2. 外差中继

从通信信号的变化过程看,外差中继(图 3-16)对第一次功率放大采用了不同的方案,也就是先把射频信号下变频为中频信号,采用中频放大器来放大通信信号功率,由于在中频进行放大,有利于利用成熟的中频放大设备,既节约了成本又保证了系统的稳定,因而是一种较经济的中继方式。

图 3-16　外差中继

3．基带中继

与外差中继方式相比，基带中继（图 3-17）除了要进行上、下变频过程外，还要进行中频的调制和解调。经过中频的解调，通信信号变为基带信号，它就是用户的信号，方便上下话路。

特别是在基带中继中数字消息历经了再生整形过程，可以避免噪声和传输噪声的积累，从而提高传输质量。因此，基带中继是数字微波通信的重要中继方式。

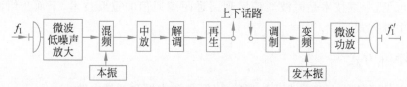

图 3-17　基带中继

视频

3.3　微波天线

在无线电设备中，天线是用来辐射和接收无线电波的装置，本质是一个"转换器"：把传输线上传播的导行波变换成在自由空间中传播的电磁波，接收时进行相反的变换。

图 3-18 描述了天线能量转换原理，发信机产生导行波即高频振荡电流，经馈电设备耦合进发射天线，发射天线将高频电流转化为电磁波并辐射出去，接收天线和收信机完成相反的功能。

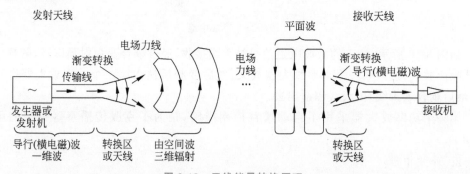

图 3-18　天线能量转换原理

3.3.1　天线的效率

面积一定的接收天线在不同距离时捕获的能量是不同的，距离发射机越远，捕获到的能量越少。接收天线实际捕获能量的面积称为天线的有效面积，如图 3-19 所示。

天线效率是有效面积 A_e 与实际的物理面积 A_r 之比，即

$$\eta = \frac{A_e}{A_r}$$

（3-1）

图 3-20 为卡塞格伦天线，由主反射器、副反射器和馈源喇叭三部分组成，其中主反射器为旋转抛物面，副反射面为旋转双曲面。在结构上，双曲面焦轴与抛物面的焦轴重合，

双曲面的一个焦点与抛物面的焦点重合,而辐射源位于双曲面的另一焦点上。由副反射器对辐射源发出的电磁波进行的一次反射,将电磁波反射到主反射器上,然后再经主反射器反射后获得相应方向的平面波波束,以实现定向发射。

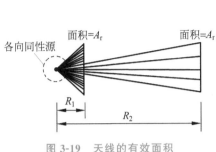

图 3-19　天线的有效面积

主反射镜(抛物面)
馈源喇叭
发射机或
接收机
副反射镜
(双曲面)

图 3-20　卡塞格伦天线

从发射机发出的射频信号能量并不是全部从主反射镜辐射出去,从主反射镜接收的微波信号并不是全部进入接收机,相当于主反射镜镜面有部分面积没有发挥作用,因此实际的微波通信系统中天线的效率不为 100%。

3.3.2　天线增益

在微波通信系统中要求天线具有方向性,具有方向性的天线能在特定的方向上提供增益。将天线在最大辐射方向上的场强的平方(E^2)与理想的各向同性天线均匀辐射场强的平方(E_0^2)的比值(以功率密度计)称为增益,即

$$G = \frac{E^2}{E_0^2}$$

$$[G] = 20\lg \frac{E}{E_0} \text{(dB)} \tag{3-2}$$

接收天线的增益是有效接收面积与理想的各向同性天线接收面积的比值,即

$$G = \frac{A_e}{A} \tag{3-3}$$

式中

$$A = \frac{\lambda^2}{4\pi}$$

其中:λ 为微波的波长。

3.4　微波传输特性

微波通信中,微波信号在大气中传播不仅会受到地球曲率的影响,还会受到反射、折射、绕射、吸收和散射等影响,因而会产生各种损耗,如图 3-21 所示。

下面重点讨论自由空间传播、反射、绕射、折射、大气吸收和散射对微波信号传播的影响。

视频

视频

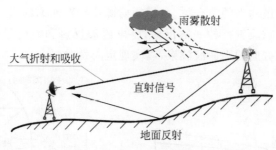

图 3-21　微波的传输特性

3.4.1　自由空间传播

1. 损耗系数定义

电磁信号的传播损耗一般用损耗系数来衡量。如图 3-22 所示,假定一个系统的输入功率为 P_i,输出功率为 P_o,那么损耗系数为

$$A_0 = \frac{P_i}{P_o} \tag{3-4}$$

图 3-22　损耗系数定义

注意,式(3-4)中损耗系数没有量纲。采用分贝(dB)表示损耗系数,即

$$[A_0] = 10\lg\frac{P_i}{P_o}(\text{dB}) \tag{3-5}$$

若损耗与距离有关,假设距离为 D,则采用每千米的损耗来衡量传播损耗,即

$$[A_0] = \frac{10}{D}\lg\frac{P_i}{P_o}(\text{dB/km}) \tag{3-6}$$

2. 自由空间传输的损耗

自由空间是指充满均匀理想介质的无限空间,它相当于真空状态的理想空间。自由空间传播的电磁波不产生反射、折射、吸收和散射等现象,总能量不变,距离发射源越远,天线单位面积上接收到的能量就越少,这种损耗称为自由空间的传输损耗。

发射机用增益 G_{TX} 的天线将功率 P_{TX} 的电波发射出去,相当于存在一个功率为 $P_{TX}G_{TX}$ 的发射点源,如图 3-23 所示。微波站或微波天线发射某个载波功率的值等于天线实际发射的载波功率 P_{TX} 与天线增益 G_{TX} 乘积,称为等效全向辐射功率(EIRP)。

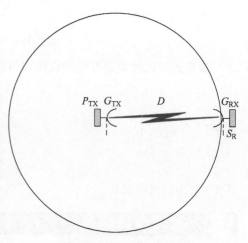

图 3-23　接收功率的计算

在与波束中心轴上相距 D 的地方,用增益为 G_{RX} 的天线接收,可得到多少功率?

接收点的能流密度为 $P_{TX}G_{TX}/(4\pi D^2)$,开口面积为 S_R 的接收天线所接收的功

率为

$$P_{RX} = \frac{P_{TX} G_{TX} S_R \eta}{4\pi D^2} \tag{3-7}$$

式中：η 为天线效率。那么接收天线增益 $G_{RX} = 4\pi S_R \eta / \lambda^2$，则

$$P_{RX} = P_{TX} G_{TX} G_{RX} \left(\frac{\lambda}{4\pi D}\right)^2 \tag{3-8}$$

暂不考虑天线的影响，假定 $G_{TX} = G_{RX} = 1$，那么按照式（3-8），自由空间传播损耗为

$$A_0 = \left(\frac{4\pi D}{\lambda}\right)^2 \tag{3-9}$$

可用分贝（dB）表示为

$$[A_0] = 20\lg\left(\frac{4\pi D}{\lambda}\right)(dB) \tag{3-10}$$

工程上也采用以下公式计算：

$$[L_{fs}] = 92.4 + 20\lg f + 20\lg D(dB) \tag{3-11}$$

注意，式（3-11）中，f 的单位为 GHz；D 的单位为 km。

也可以采用以下公式计算：

$$[L_{fs}] = 32.4 + 20\lg f + 20\lg D(dB) \tag{3-12}$$

注意，式（3-12）中，f 的单位为 MHz，D 的单位为 km。

【例 3-2】　一个微波通信系统的频率为 5GHz，那么传输 50km 后的自由空间传播损耗是多少？

解：应用式（3-10）时，D 和 λ 要统一到国际单位，可得

$$[A_0] = 20\lg\left(\frac{4\pi \times 50 \times 1000}{300000000/(5 \times 1000000000)}\right) = 140.4(dB)$$

得到 $[A_0]$ 后，可以采用图 3-24 计算接收的功率：

$$[P_{RX}] = [P_{TX}] + [G_{TX}] - [A_0] + [G_{RX}] \tag{3-13}$$

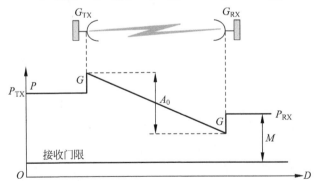

P—发射功率；G—天线增益；A_0—自由空间传播损耗；M—衰落储备

图 3-24　接收功率计算

【例 3-3】　发射机的功率为 20dBW，发射天线的增益为 30dB，接收天线的增益为 40dB，一个微波通信系统的频率为 5GHz，那么传输 50km 后接收机接收的功率是多少？

解：

$$[P_{RX}] = 20 + 30 - 140 + 40 = -50(dBW)$$

3.4.2 反射模型

图 3-25 为平坦地形对射频电磁波的反射情况，收信点 R 除了接收到直射波外，还接收到反射波，因而收信点 R 的合成场强是直射波和反射波的矢量和。当收发天线足够高时，可以认为直射波是自由空间波。

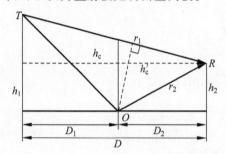

图 3-25　平坦地形对射频电磁波的反射情况

设 E_0 为自由空间传输时直射波到达接收点的场强有效值，则直射波场强的瞬时值为

$$e_1(t) = E_0 \cos\omega t \qquad (3\text{-}14)$$

反射波场强的瞬时值为

$$e_2(t) = |\Phi| E_0 \cos\left[\omega t - \varphi - \frac{2\pi}{\lambda}(r_2 - r_1)\right] \qquad (3\text{-}15)$$

式中：$|\Phi|$ 为反射系数；φ 为反射引入的位相。

在 R 点的矢量合成为

$$
\begin{aligned}
E &= \sqrt{E_0^2 + E_0^2 |\Phi|^2 - 2E_0^2 |\Phi| \cos\left\{\pi - \left[\varphi + \frac{2\pi}{\lambda}(r_2 - r_1)\right]\right\}} \\
&= E_0 \sqrt{1 + |\Phi|^2 + 2|\Phi| \cos\left[\varphi + \frac{2\pi}{\lambda}(r_2 - r_1)\right]} \\
&= E_0 \sqrt{1 + |\Phi|^2 + 2|\Phi| \cos\left[\varphi + \frac{2\pi}{\lambda}\Delta r\right]} \qquad (3\text{-}16)
\end{aligned}
$$

将合成场强 E 与自由空间场强 E_0 之比称为地面反射引起的衰落因子，其可表示为

$$V = \frac{E}{E_0} = \sqrt{1 + |\Phi|^2 + 2|\Phi| \cos\left[\varphi + \frac{2\pi}{\lambda}\Delta r\right]} \qquad (3\text{-}17)$$

为了观察明显，令 $\varphi = 0$，反射系数 $|\Phi| = 1$，那么有

$$
\begin{aligned}
V &= \sqrt{1 + |\Phi|^2 + 2|\Phi| \cos\left[\varphi + \frac{2\pi}{\lambda}\Delta r\right]} \\
&= \sqrt{2 - 2\cos\frac{2\pi}{\lambda}\Delta r} = \sqrt{2\left[2\sin^2\left(\frac{\pi}{\lambda}\right)\Delta r\right]} = 2\left|\sin\left(\frac{\pi}{\lambda}\right)\Delta r\right| \qquad (3\text{-}18)
\end{aligned}
$$

V 与 Δr 的关系如图 3-26 所示，收信点的场强幅值随着 Δr 的周期变化，从零变化到 $2E_0$，场强为零时表示直射波完全被反射波抵消。在 $\Delta r = \lambda, 2\lambda, \cdots$ 整数倍波长的情况下，衰减达到极大值，称为衰落谷点。反射系数越大，曲线的起伏程度越大。可见，由于存在反射路径，衰落谷点将因频率不同而发生在不同的地点，这就是频率选择性衰落。

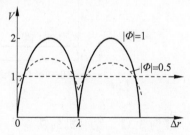

图 3-26　V 与 Δr 的关系

为了避免收信点的场强明显起伏,尤其要避免反射波和直射波抵消而导致收信点接收信号趋于零的现象,因此在进行微波中间站站址选择和微波线路设计时,应允分利用地形、地物阻挡反射波(图 3-27),或者采用高低天线法避开反射(图 3-28)。

 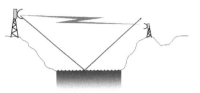

图 3-27　利用某些地形、地物阻挡反射波　　　　图 3-28　高低天线法

3.4.3　菲涅尔区概念

手机能接收到信号,却常常看不到附近的基站,是因为微波的绕射。下面首先介绍几个概念,然后讨论微波的绕射现象。

1. 菲涅尔区及其半径

假定微波通信系统发信点为 T,收信点为 R,站间距为 D,平面上一个动点 P 到两个定点(T、R)的距离若为一个常数 C,则此点的轨迹为一个椭圆;在三维空间上,此动点的轨迹是一个旋转椭球面,如图 3-29 所示。

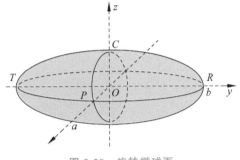

图 3-29　旋转椭球面

对于波长为 λ 的电波,当 $C-D=\lambda/2$ 时,得到的椭球面称为第一**菲涅尔**椭球面;当 $C-D=\lambda$ 时,得到的椭球面称为第二**菲涅尔**椭球面…当 $C-D=N\lambda/2$ 时,得到的椭球面称为第 N **菲涅尔**椭球面。

显然当 $C-D$ 是半波长的奇数倍时,反射波和直射波在 R 点的作用相同,此时的场强得到加强;而 $C-D$ 为半波长的偶数倍时,反射波在 R 点的作用相互抵消,此时 R 点的场强最弱。

这一系列**菲涅尔**椭球面与从 T 或 R 点出发认定的某一波前面相交割,在交割的界面上就可以得到一系列的圆和环,中心是一个圆,称为第一**菲涅尔区**。其外的圆环称为第二**菲涅尔区**,再往外的圆环称为第三**菲涅尔区**、第四**菲涅尔区**……第 N **菲涅尔区**,如图 3-30 所示。**菲涅尔区**的概念对于信号的接收、检测、判断有重要的意义。

把菲涅尔区上的任意一点到 R 和 T 连线的距离称为菲涅尔**区半径**,用 F 表示。当这一点为第一菲涅尔区上的点时,此半径称为第一菲涅尔区半径(图 3-31)。第 N 个菲涅尔区半径表达式为

$$F_n = (N)^{1/2} F_1 \tag{3-19}$$

式中:F_1 为第一菲涅尔区半径。

经有关研究可知:在电波的传播空间中,当**菲涅尔区**号趋近于无限多时,在接收点的合成场强就接近于自由空间场强;由第一**菲涅尔区**在接收点的场强,接近于全部有贡献

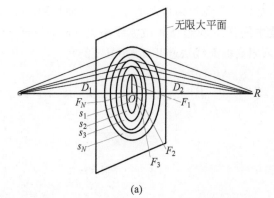 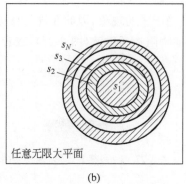

图 3-30 菲涅尔区的划分

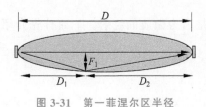

图 3-31 第一菲涅尔区半径

的**菲涅尔**区在接收点的自由空间场强的 2 倍；相邻**菲涅尔**区在收信点处产生的场强的相位相反；若以第一**菲涅尔**区为参考，则奇数区产生的场强是使接收点的场强增强，偶数区产生的场强是使接收点的场强减弱。不同菲涅尔区的能量分布如图 3-32 所示。

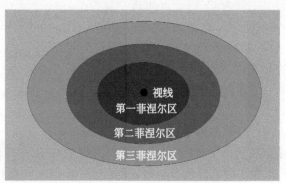

图 3-32 不同菲涅尔区的能量分布

第一菲涅尔区半径计算公式为

$$F_1 = 17.32 \sqrt{\frac{D_1 \times D_2}{f \times D}} (\text{m}) \tag{3-20}$$

式中：距离的单位是 km；频率的单位是 GHz。

如图 3-33 所示，凸出物进入第一菲涅尔椭球，收发间已不再属于自由空间传播。

如图 3-34 所示，即使在地面上的障碍物遮住收、发两点间的几何射线的情况下，由于电波传播的主要通道未被全部遮挡住，因此接收点仍然可以收到信号，此种现象称为电波绕射。

在地面上的障碍物高度一定的情况下，波长越长，电波传播的主要通道的横截面积越大，相对遮挡面积就越小，接收点的场强就越大，因此波长越长，绕射能力越强。

图 3-33　第一菲涅尔区被部分遮挡

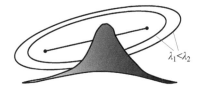

图 3-34　同波长的绕射能力

2. 余隙

在实际情况下,电波的直射路径上可能存在各种障碍物,由障碍物引起的附加传播损耗称为绕射损耗。

设障碍物与发射点和接收点的相对位置如图 3-35 所示。图中,x 表示障碍物顶点 P 至直射线 TR 的距离,称为余隙。规定阻挡时余隙为负,如图 3-35(a)所示;无阻挡时余隙为正,如图 3-35(b)所示。

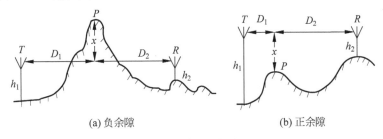

(a) 负余隙　　　　　　　　　　　　(b) 正余隙

图 3-35　障碍物与余隙

由障碍物引起的绕射损耗与相对余隙的关系如图 3-36 所示。图中,纵坐标为绕射引起的附加损耗,即相对于自由空间传播损耗的分贝数,横坐标为相对第一菲涅尔区半径的相对余隙 x/F_1。

由图 3-36 可见,当 $x/F_1 > 0.5$ 时,附加损耗约为 0dB,即障碍物对直射波传播基本上没有影响。为此,在选择天线高度时,根据地形尽可能使服务区内各处的菲涅尔余隙 $x > 0.5 F_1$;当 $x < 0$,即直射线低于障碍物顶点时,损耗急剧增加;当 $x = 0$ 时,即 TR 直射线从障碍物顶点擦过时,附加损耗约为 6dB。

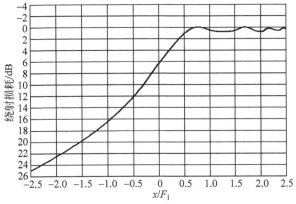

图 3-36　绕射损耗与相对余隙的关系

【例 3-4】　设图 3-35(a)所示的传播路径中，余隙 $x=-82\mathrm{m}$，$D_1=5\mathrm{km}$，$D_2=10\mathrm{km}$，工作频率为 150MHz。试求出电波传播损耗。

解：自由空间传播损耗为

$$[L_{\mathrm{fs}}]=92.4+20\lg f+20\lg D$$
$$=92.4+20\lg 0.15+20\lg(5+10)$$
$$=99.74(\mathrm{dB})$$

第一菲涅尔区半径为

$$F_1=17.32\sqrt{\dfrac{D_1\times D_2}{f\times D}}$$
$$=17.32\sqrt{\dfrac{5\times 10}{0.15\times 15}}$$
$$=81.65(\mathrm{m})$$

由图 3-36 查得附加损耗（$x/F_1\approx -1$）为 16.5dB，因此电波传播损耗为
$$[L]=[L_{\mathrm{fs}}]+16.5=116.2(\mathrm{dB})$$

3.4.4　大气折射

1. 概念

如图 3-37 所示，受大气折射影响，沿电波发射方向平行传播的电波轨迹发生了变化。V 表示电波传播的速度，n 表示折射系数，c 表示光速，$n=c/V$。上层空间的微波射线速度 V 小，折射率 n 变大，下层空间的微波射线速度 V 大，折射率 n 变小时，微波传播轨迹向上弯曲；当上层空间的微波射线速度 V 大，折射率 n 变小，下层空间的微波射线速度 V 小，折射率 n 变大时，微波传播轨迹向下弯曲，这种现象称为大气折射。

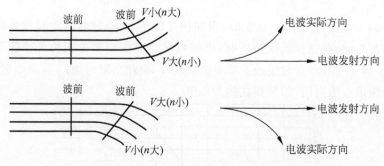

图 3-37　受大气折射影响的电波轨迹变化

2. 等效地球半径

大气的折射作用使得实际的微波传播是曲线轨迹，如果考虑微波射线轨迹弯曲，不方便采用直线射线的分析方法来计算衰落因子。为了便于分析，引入了等效地球半径的概念，如图 3-38 所示。

等效的条件是等效前及等效后的微波路径与球形地面之间的曲率之差保持不变：

$$\frac{1}{R_e} - \frac{1}{\rho_e} = \frac{1}{R_0} - \frac{1}{\rho_0} \qquad (3\text{-}21)$$

式中：R_e 为地球等效半径；R_0 为地球实际半径；ρ 为微波路径半径，等效后，$\rho_e \to \infty$。

等效地球半径系数定义为

$$k = \frac{R_e}{R_0} \qquad (3\text{-}22)$$

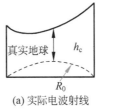

(a) 实际电波射线　　(b) 等效后的情况

图 3-38　等效示意图

k 计算公式为

$$k = \frac{1}{1 + R_0 \dfrac{\mathrm{d}n}{\mathrm{d}h}} \qquad (3\text{-}23)$$

式中：$\mathrm{d}n/\mathrm{d}h$ 为折射率梯度，h 为垂直高度。$\mathrm{d}n/\mathrm{d}h$ 又受温度、湿度、压力等条件的影响，所以 k 是反映气象条件变化对微波传播影响的重要参数。

根据微波受大气折射后的轨迹，将大气折射分为三类（图 3-39）：

(1) 无折射：当 $\mathrm{d}n/\mathrm{d}h = 0$ 时，n 不随大气的垂直高度而变化，$k = 1$，$R_e = R_0$。

(2) 负折射：当 $\mathrm{d}n/\mathrm{d}h > 0$ 时，n 随大气的垂直高度增加而增加，$k < 1$，微波射线弯曲方向与地球弯曲方向相反。

(3) 正折射：当 $\mathrm{d}n/\mathrm{d}h < 0$ 时，n 随大气的垂直高度增加而减少，$k > 1$，微波射线弯曲方向与地球弯曲方向相同。

正折射可进一步分为标准折射、临界折射、超折射等。当 $k = 4/3$ 时，微波折射称为标准折射。临界折射是指微波射线轨迹恰好与地面平行，此时，$k = \infty$。超折射是指大气层内呈现连续折射的现象，在大气层与地球表面形成大气波导。

采用等效地球半径后，几种不同的折射情况下电波轨迹的对比如图 3-40 所示。

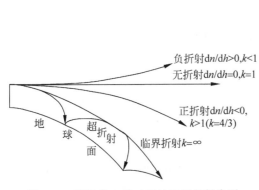

图 3-39　不同的 k 值对应的不同折射类型

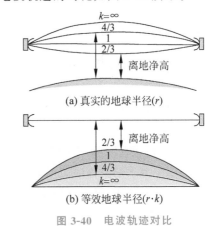

(a) 真实的地球半径(r)

(b) 等效地球半径($r \cdot k$)

图 3-40　电波轨迹对比

由于大气折射，微波通信的最大中继距离需重新进行分析。

3. 大气折射对中继距离的影响

视线传播的极限距离可由图 3-41 计算，天线的高度分别为 h_t 和 h_r，两个天线顶点

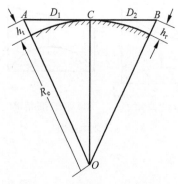

图 3-41　视线传播的极限距离

的连线 AB 与地面相切于 C 点。由于地球等效半径 R_e 远远大于天线高度,不难证明,自发射天线顶点 A 到切点 C 的距离为

$$D_1 = \sqrt{(R_e + h_t)^2 - R_e^2} \approx \sqrt{2R_e h_t} \qquad (3\text{-}24)$$

同理,由切点 C 到接收天线顶点 B 的距离为

$$D_2 \approx \sqrt{2R_e h_r} \qquad (3\text{-}25)$$

可见,**最大可视距离**为

$$D = D_1 + D_2 = \sqrt{2R_e}(\sqrt{h_t} + \sqrt{h_r}) \qquad (3\text{-}26)$$

在标准大气折射情况下,$k = 4/3$,$R_e = k \times R_0 = 4 \times 63718/3 = 8500(\text{km})$,所以有

$$D = 4.12(\sqrt{h_t} + \sqrt{h_r})(\text{km}) \qquad (3\text{-}27)$$

式中:天线的高度单位为 m。

【**例 3-5**】　收发天线高均为 30m,求标准大气压条件下最大可视距离。如果考虑大气折射的影响,那么最大可视距离是多少?

解:由式(3-27)得到

$$D = 4.12(\sqrt{h_t} + \sqrt{h_r})$$
$$= 4.12(\sqrt{30} + \sqrt{30}) \approx 45.13(\text{km})$$

如果不考虑大气折射,则有

$$D = \sqrt{2R_0}(\sqrt{h_t} + \sqrt{h_r})$$
$$= \sqrt{2 \times 6371}(\sqrt{30 \times 10^{-3}} + \sqrt{30 \times 10^{-3}}) = 39.10(\text{km})$$

这说明,大气正折射增加了最大可视距离。

3.4.5　大气的吸收和散射

在微波通信中,微波在低空大气层中传播,大气中的氧、水蒸气、云、雨和雾对电波产生吸收和散射。

1. 大气吸收衰减

任何物质的分子都是由带电的粒子组成的,这些粒子都有固有的电磁谐振频率,当通过这些物质的微波频率接近它们的谐振频率时,这些物质就对微波产生共振吸收。

气体中分子的共振吸收引起对微波能量的衰减,这种作用对 15GHz(即 2cm)以上的微波才有明显作用,低于此频率的可不考虑。在微波规划时,可用图 3-42 的曲线来计算。

2. 雨雾衰减

在雨天或雾天,小水滴对高频率的电磁波会产生散射,从而造成电磁波能量损失,称为雨衰,如图 3-43 所示。

频率越高及降雨量越大,衰落就越大。一般来说,在 10GHz 以下频段,雨雾造成的衰落不太严重,通常 50km 站距的衰耗只有几分贝;在 10GHz 以上频段,中继站之间的

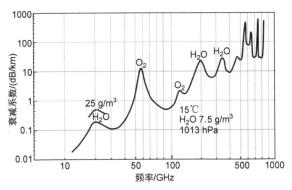

图 3-42　大气吸收衰减

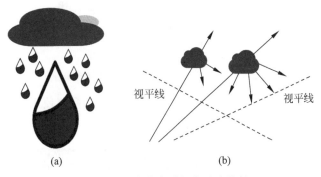

图 3-43　小水滴会引起电磁波散射

距离主要受到降雨衰耗的限制。在微波规划时,可用图 3-44 的曲线来计算。

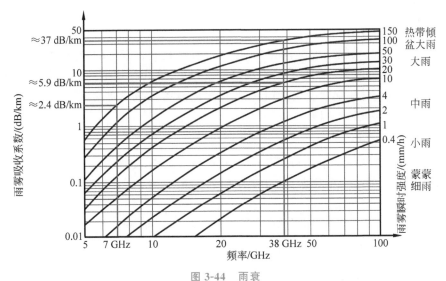

图 3-44　雨衰

在 10GHz 以上频段,中继间隔主要受降雨损耗的限制,如对 13GHz 以上频段, 100mm/h 的降雨会引起 5dB/km 的损耗,所以在 13GHz、15GHz 频段,最大中继距离一般在 10km 左右。

在 20GHz 以上频段，由于降雨损耗影响，中继间距只能有几千米。图 3-45 是考虑降雨微波设备的理论中继距离。

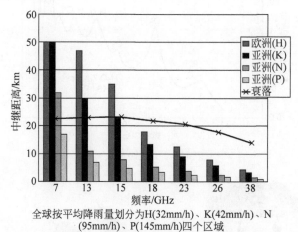

图 3-45 考虑降雨微波设备的理论中继距离

可见，微波通信受到许多外界因素的影响。微波通信系统使用了很多技术来保证系统性能的提高。

视频

3.5 关键技术

3.5.1 抗衰落技术

在无线通信中接收信号的电平值称为场强。衰落是指信道变化导致接收信号电平值发生随机变化的现象。

在微波通信中，大气中的气体和云、雾、雨、雪引起电磁能量的吸收、散射和折射，加上地面反射，在某一时刻可能只有一种现象发生，也可能几种现象同时发生，从而使接收电平随时间而发生随机起伏变化，引起接收信号的衰落。微波通信系统开发了许多技术来对抗衰落，主要有以下 5 种。

1. 自动增益控制

自动增益控制（AGC）用于自动调节接收机的放大增益，使放大后的微波信号稳定在一定范围，如图 3-46 所示。在微波中继中就用到了 AGC 技术，AGC 的控制要达到 40～50dB。

图 3-46 自动增益控制

2. 备用波道倒换技术

波道就是微波传输通道，是指具有一定带宽的频率资源。

备用波道倒换技术又叫波道备份技术，如图 3-47 所示。通常在若干个波道中划分出几个波道为备用波道，其余波道为主用波道。当主用波道衰落严重或设备故障等无法正

现代通信技术

常承载微波信号时,将临时由备用波道代为承载。

3. 频率分集技术

分集接收是同时接收衰落信道中两个或两个以上传输内容相同但彼此相关性较弱的信号,以一定的方式对接收的几个信号进行合并。

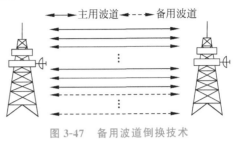

图 3-47　备用波道倒换技术

发送端采用具有一定频率间隔的两个(或多个)微波频率,同时发送同一个信息,接收端接收后进行合成或选择一路较强信号的方式,如图 3-48 所示。

这对频率选择性衰落特别有效,但由于占用的频带成倍增加,降低了频谱的利用率。

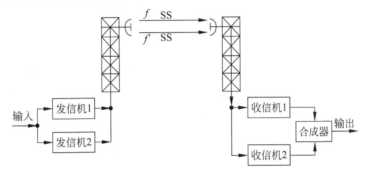

图 3-48　频率分集技术

4. 空间分集接收技术

在接收端,在空间的不同垂直高度上架设两副或多副天线,同时接收一个发射天线的微波信号,如图 3-49 所示。

电磁波到达目的地的路径不同,同时衰落的概率很小,通过一定的信号合成可以减少衰落。当然天线之间的距离要足够远以减少相关性。

空间分集技术不需要占用额外的频谱资源,分集效果也比较好,得到了广泛应用。

随着通信技术的发展,频率分集技术和空间分集技术演进为多输入多输出(MIMO)技术,利用 MIMO 技术既可以提高信道的容量,也可以提高信道的可靠性,降低误码率。

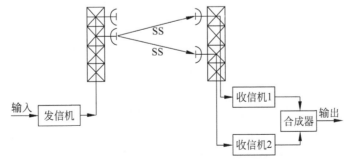

图 3-49　空间分集接收技术

5. 自适应均衡技术

如图 3-50(a)为接收到的码元波形,信道特性不理想产生了拖尾,这种拖尾对其他码元波形造成干扰,称为码间干扰。码间干扰会引起误判,产生误码。

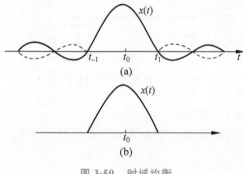

图 3-50　时域均衡

时域均衡利用波形补偿的方法将失真的波形直接进行校正。随着数字信号处理理论和集成电路的发展,时域均衡已成为高速数据传输基本方法。

若设法加上一条补偿波形(图 3-50(a)中的虚线),与拖尾大小相等,极性相反,则这个波形恰好把原来失真波形的拖尾抵消掉(图 3-50(b)),就消除了码间干扰,达到了均衡的目的。

时域均衡的常用方法是在基带信号接收滤波器后插入一个横向滤波器(图 3-51(a)),它由一些延迟单元 T_s 和抽头加权系数 C_i 组成。抽头间隔等于码元周期,每个抽头的延时信号经加权送到一个相加电路后输出,其形式与有限冲激响应滤波器(FIR)相同。

图 3-51(b)为均衡前的波形,这种波形的拖尾部分左右不对称,无论如何也达不到抵消作用。图 3-51(c)为均衡后的波形,拖尾部分左右对称,可以和邻近的码元波形拖尾抵消。

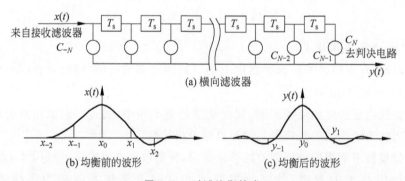

图 3-51　时域均衡技术

由此可见,信道均衡可用于消除码间干扰,降低误码率,提高系统的稳定性。

3.5.2　高阶调制技术

二进制调制方法中,PSK 表现出较好的性能。为了进一步提高频率利用率,还可以采用多相调相,如四相移键控(QPSK)。

1. QPSK

在数字信号的调制方式中,QPSK 是目前最常用的一种调制方式,它具有较高的频谱利用率、较强的抗干扰性、在电路上实现较为简单,其原理如图 3-52 所示。

以 $\pi/4$ QPSK 为例,QPSK 规定四种载波相位分别是 $\pi/4$、$3\pi/4$、$5\pi/4$ 和 $7\pi/4$。为了

能和四进制位相配合起来,需要把二进制数据变换为四进制数据。把二进制序列中每两个比特分成一组,共四种组合,即 00、01、10 和 11,称为双比特码元。每个双比特码元代表四进制的一个符号。QPSK 每次调制可传输 2 个信息比特。

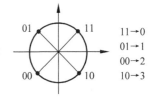

图 3-52　$\pi/4$ QPSK 星座图

从星座图可看出,当输入为"11"码元时,输出已调载波:

$$s_{\text{QPSK}} = A\cos(2\pi f_c t + \pi/4) \tag{3-28}$$

当输入为"01"码元时,输出已调载波:

$$s_{\text{QPSK}} = A\cos(2\pi f_c t + 3\pi/4) \tag{3-29}$$

当输入为"00"码元时,输出已调载波:

$$s_{\text{QPSK}} = A\cos(2\pi f_c t + 5\pi/4) \tag{3-30}$$

当输入为"10"码元时,输出已调载波:

$$s_{\text{QPSK}} = A\cos(2\pi f_c t + 7\pi/4) \tag{3-31}$$

采用正交调制的方法可实现 QPSK,如图 3-53 所示,其中串/并转换模块是将码元序列进行 I/Q 分离,转换规则为奇数位为 I,偶数位为 Q;电平转换模块是将"1"转换成幅度为 A 的电平,"0"转换为幅度为 $-A$ 的电平。

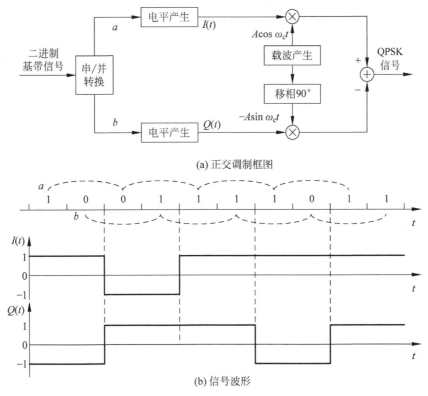

(a) 正交调制框图

(b) 信号波形

图 3-53　QPSK 正交调制器

因此,输入为 00,则输出已调载波:

$$s_{\text{QPSK}} = -A\cos(2\pi f_c t) + A\sin(2\pi f_c t) = \sqrt{2}A\cos(2\pi f_c t + 5\pi/4)$$

输入为 11,则输出已调载波：

$$s_{QPSK} = A\cos(2\pi f_c t) - A\sin(2\pi f_c t) = \sqrt{2}A\cos(2\pi f_c t + \pi/4)$$

其他的输入,情况相同。可见,采用正交调制的方法可得到 QPSK 信号。

相移和正交信号的产生难于使用模拟的电子器件来实现,但是在数字领域相移和正交信号的产生比较容易,因此数字通信系统常采用正交调制的方法。

幅移键控、频移键控和相移键控的共同特点是都调制载波的一个变量来携带比特信息。

变量少的好处是变化的元素不多,从而识别的难度不大,出现错误的概率也低;变量少的坏处是承载的信息量不够多。于是出现了既调幅度又调相位的 QAM,在现代通信中 MQAM 得到了广泛应用。

2. 16 MQAM

MQAM 的调制信号用数学表示为

$$s(t) = A_t\cos\theta_i\cos2\pi f_c t + A_t\sin\theta_i\sin2\pi f_c t, \quad i = 1,2,3,\cdots,M \qquad (3\text{-}32)$$

式(3-32)与 BPSK 相比,振幅 A 变成了 A_i,相位由 $0°$、$180°$两个选择变成更多的选择 θ_i。式(3-32)还可以表示为

$$s(t) = I_i\cos2\pi f_c t + Q_i\sin2\pi f_c t, \quad i = 1,2,3,\cdots,M \qquad (3\text{-}33)$$

式中: $I_i = A_i\cos\theta_i$; $Q_i = A_i\sin\theta_i$。

因此使用星座图表示 QAM,看起来比较方便。图 3-54 是 16 QAM 的星座图。由图可以看到,在 16 QAM 的情况下,一个符号(点位)可以表示 4 位的信息,由横坐标 2 位信息和纵坐标 2 位信息组成。

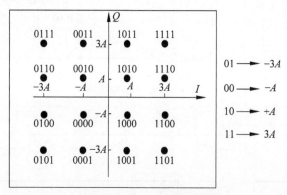

图 3-54　16 QAM 的星座图

3.6　跳频技术

在第二次世界大战中,参战各方都想提高鱼雷命中率,都会用无线电信号来引导鱼雷,但是敌方也可以通过干扰无线电信号,让鱼雷偏离攻击目标。海蒂·拉玛和乔治·安泰尔基于自动钢琴的原理实现了信号的"跳频"传输。

3.6.1　跳频概念

车道中有的地段路面平整,有的地段坑洼不平,如图 3-55 所示。如果车辆选择平整

的车道,就能够顺利行驶;如果车辆行驶上坑洼路面,车速就会很慢,还可能出现故障。

通信中也有类似的现象:由于存在反射路径,衰落谷点将因频率不同而发生在不同的地点,发生频率选择性衰落。

图 3-55　多条车道

如果在呼叫期间让载波频率在几个频率上变化,并假定只在一个频率上有一衰落谷点,那么仅会损失呼叫的一小部分。采用相似的方法来避开干扰点,称为跳频技术。

无线传输频段按频率不同可以划分为很多条信道(图 3-56),多径效应引起的频率选择性衰落,这些信道中会存在各种各样的干扰,无线信号在信道中传输,有的可能干扰很小,有的可能会长时间处在干扰中。

信道环境是复杂多变的,很难预测到干扰什么时候出现,什么时候消失。可以让信号在若干频点之间跳变,即上一时刻使用某个频点,下一时刻就使用其他频点,而且信号在每个频点都短暂停留,这样即使在某个频点遇到了强干扰,也能快速离开,如图 3-57所示。

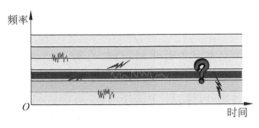

图 3-56　多条信道

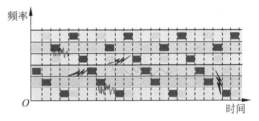

图 3-57　信号在多个频点跳变

如果发送的信号随便跳变,接收端跟不上节奏就接收不到正确信号,所以这种频点间的跳变不能是随机的,要遵循一定规律和速率。

这种使原先固定不变的无线电发信频率按一定的规律和速率来回跳变,让对方也按此规律同步跟踪接收的通信技术就称为跳频技术。

使用跳频技术的通信系统称为跳频通信系统。对应的载波频率固定的通信系统称为定频通信系统。

跳频技术首先大大增强了信号的抗干扰能力,可以通过改变发送频率,尽量避开干扰点;其次信号不会长期在衰落大的环境下传输,可以改善衰落;最后频率跳变规律是私密的,只有收发两端知道,其他用户不知道跳变规律也就无法非法监听通信,跳频技术可以获得较好的保密性。

按跳频速率,一般将跳频分为慢跳频和快跳频,跳频速率越高,跳频系统的抗干扰性就越强。慢跳频是指跳频速率低于信息比特率的跳频技术,快跳频是指跳频速率高于或等于信息比特率的跳频技术。

3.6.2 帧跳频和时隙跳频

GSM 系统的跳频属于慢跳频，那么在 GSM 系统中频点多长时间跳变一次？

如图 3-58 所示，阴影块是发送的信号，纵轴是频率轴，阴影块的高度表示跳频信道的带宽；横轴是时间轴，阴影块的宽度表示信号在某一个频点的停留时间即跳频的驻留时间。

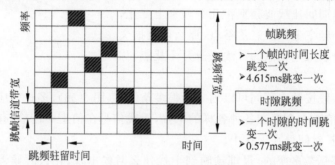

图 3-58 跳频驻留时间

在 GSM 系统中，驻留时间有两种：一种是一个帧的时间长度跳变一次，称为帧跳频，即 4.615ms 跳变一次；另一种是一个时隙的时间跳变一次，称为时隙跳频，即 0.577ms 跳变一次。

帧跳频如图 3-59 所示。

图 3-59 中有五个频点可供跳变选择，每个频点都是由若干帧组成的，每个帧中有 8 个时隙分别标识为 TS0～TS7 信号 U1～U8，初始时都在 f_1 中传输，分别使用时隙 TS0～TS7，U9 和 U10 在 f_4 中传输，U9 使用 TS0 时隙，U10 使用 TS2 时隙。第二个帧开始时，开始跳频，频点为 f_1 的 U1～U8 信号整体跳变到频点 f_2，频点为 f_4 的 U9 和 U10 信号整体跳变到频点 f_3。所以帧跳频就是一个帧中的 8 路信号，保持传输时隙不变，每次跳频一起跳到相同的频点。

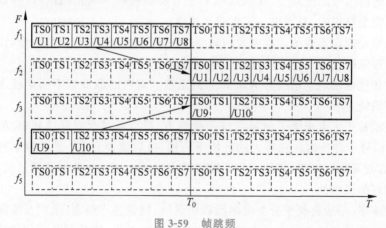

图 3-59 帧跳频

时隙跳频如图 3-60 所示。初始时依然是信号 U1～U8 都在 f_1 中传输，分别使用时隙 TS0～TS7，U9 和 U10 在 f_4 中传输，U9 使用 TS0 时隙，U10 使用 TS2 时隙。第二

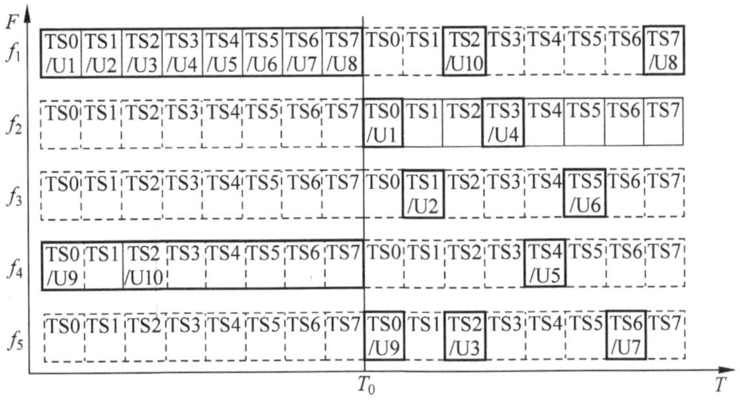

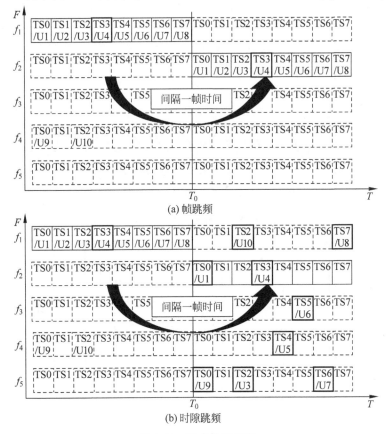

图 3-60 时隙跳频

个帧开始时,开始跳频：TS0 传输时,U1 跳变到 f_2,U9 跳变到了 f_5;TS1 传输时,U2 跳变到了 f_3;TS2 传输时,U10 跳变到了 f_1,U3 跳变到了 f_5;TS3 传输时,U4 跳变到了 f_2;TS4 传输时,U5 跳变到了 f_4;TS5 传输时,U6 跳变到了 f_3;TS6 传输时,U7 跳变到了 f_5;TS7 传输时,U8 跳变到了 f_1。也就是说时隙跳频是每个时隙中传输的信号分别跳频。

那么对于某一个用户来说,帧跳频和时隙跳频方式在时间间隔有何区别?

如图 3-61 所示,以 U4 为例,帧跳频时,间隔一个帧的时间由 f_1 跳变到 f_2 时隙跳频

(a) 帧跳频

(b) 时隙跳频

图 3-61 用户跳频间隔

时,也是间隔一个帧的时间,频点由 f_1 跳变到 f_2。可以发现,对于某个用户来说,两种跳频方式的跳频间隔时间是一样的,都是一个帧的时间。

可见,跳频是在有规律的两个时隙之间发生,一个多时隙(MS)在一个时隙内用固定频率发送和接收,在下一个时分多址(TDMA)帧时用另一频率发送和接收。

3.7 仿真实验

3.7.1 基于多进制数字相位调制的通信系统仿真

基于 QPSK 的通信系统模型如图 3-62 所示,其中串/并转换(S/P)是将码元序列进行 I/Q 分离,转换规则为奇数位为 I,偶数位为 Q;采用升余弦函数实现脉冲成形。

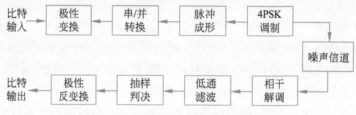

图 3-62 基于 QPSK 的通信系统模型

运行程序文件 test_3_6_1_1,可以看到,4PSK 信号和加入噪声的 4PSK 信号如图 3-63 所示,发送和接收的消息序列如图 3-64 所示。

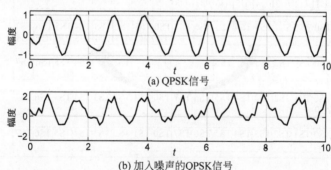

(a) QPSK信号

(b) 加入噪声的QPSK信号

图 3-63 QPSK 信号及其加入噪声后的信号

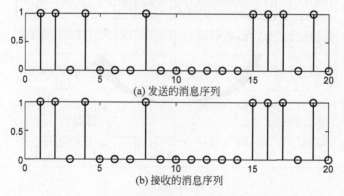

(a) 发送的消息序列

(b) 接收的消息序列

图 3-64 4PSK 通信系统发送和接收的消息序列

　　调用库函数 pskmod 和 pskdemod 更易实现多进制数字相位调制(MPSK)的通信系统仿真。运行程序文件 test_3_6_1_2,可以看到,两个通信系统发送和接收的消息序列如图 3-65 和图 3-66 所示,而不同 SNR 下的误码率如图 3-67 所示。

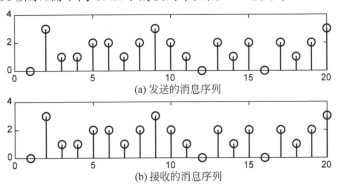

图 3-65　4PSK 通信系统发送和接收的消息序列

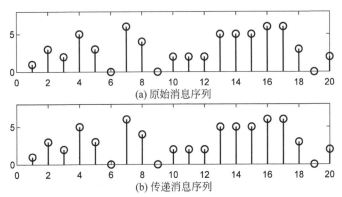

图 3-66　8PSK 通信系统发送和接收的消息序列

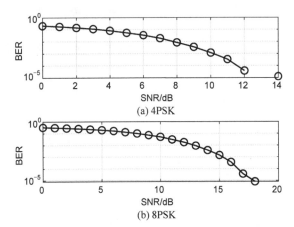

图 3-67　4PSK 和 8PSK 的误码率曲线

3.7.2　基于 16 QAM 的通信系统仿真

　　基于 16 QAM 的通信系统模型如图 3-68 所示。调用库函数 qammod 和 qamdemod

来实现 MQAM 的通信系统仿真。

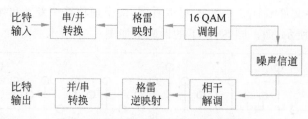

图 3-68　基于 16 QAM 的通信系统模型

运行程序文件 test_3_6_2,可以看到,通信系统发送和接收的消息序列如图 3-69 所示,发送信号和接收带噪声信号的散点图如图 3-70 所示,不同 SNR 下的误码率曲线如图 3-71 所示。

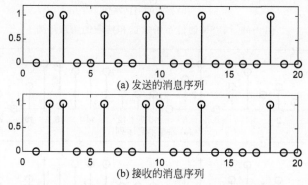

(a) 发送的消息序列

(b) 接收的消息序列

图 3-69　16 QAM 通信系统发送和接收消息序列

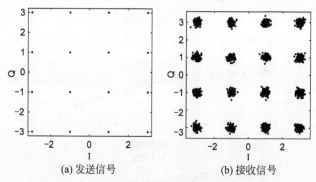

(a) 发送信号　　　(b) 接收信号

图 3-70　发送信号和接收带噪声信号的散点图

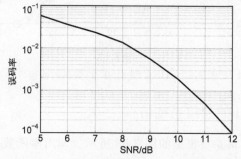

图 3-71　16 QAM 调制信号在 AWGN 信道的性能分析

习题

1. 简述微波通信系统的组成。

2. 简述微波通信系统的中继方式。

3. 简述微波通信信号传输过程中会受到哪些因素的影响,哪种抽样技术可以克服这些影响。

4. 菲涅尔区的概念对数字微波通信系统有何作用? 第一菲涅尔区半径如何求得?

5. 一个工作频率为 5GHz 的微波通信系统,接收机的灵敏度为 -140dBm,发射天线的增益为 20dB,接收天线的增益为 30dB,实现 50km 的传输,试求发射机的功率?

6. 简述 QPSK 的正交调制和解调原理。

第4章

卫星通信系统

【要求】

①掌握卫星通信的概念；②理解卫星通信系统的组成；③了解卫星通信的历史；④理解卫星通信的特点；⑤理解卫星通信系统结构及其功能；⑥理解卫星通信频段选择原理；⑦理解多址技术。

4.1 卫星通信概述

视频

4.1.1 卫星通信概念

1. 卫星通信定义

卫星通信就是利用人造地球卫星作为中继站转发微波信号，在两个或多个地球站之间进行的通信方式，如图 4-1 所示。

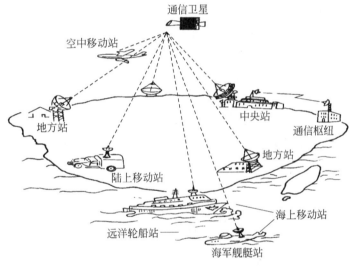

图 4-1 卫星通信示意图

理解这个概念要注意以下四点：

（1）通信载波是微波。地面微波中继系统处在近地空间，卫星通信的地球站以人造地球卫星作为中继站进行通信。

（2）卫星通信的通信站可以是陆地上的固定地址站、车载的地球站、机载地球站和舰载地球站，这些地球站相距遥远，可以处在不同的国家和地区。

（3）卫星通信时，卫星的天线波束要覆盖各地球站，而各地球站的天线要指向卫星通信天线，因为卫星通信也是视距通信，要能互相"看到"对方。

（4）卫星在轨道上运行，其距地面很高，"站得高，看得远"。

【例 4-1】 如图 4-2 所示，地球半径为 R_E，卫星距地 $h_E = 500\text{km}$ 时，最大中继距离是多少？卫星距地 $h_E = 35800\text{km}$ 时，最大中继距离是多少？

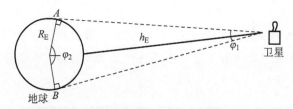

图 4-2　卫星通信最远距离

解：从距离地面 h_E 的卫星看到地球（R_E 是地球半径）的两个极端位置是两个切点 A 和 B，它们在地面上的距离是一段弧线。

$$AB = R_E \varphi_2 = R_E \left(2\arccos \frac{R_E}{R_E + h_E} \right)$$

式中：R_E 为地球半径，$R_E = 6371\mathrm{km}$；φ_2 为 AB 所张的圆心角（rad）；h_E 为通信卫星到地面的高度（km）。

当 $h_E = 500\mathrm{km}$，$\varphi_2 = 0.767\mathrm{rad}$ 时，可得到
$$AB = 6371 \times 0.767 = 4886.5(\mathrm{km})$$

当 $h_E = 35800\mathrm{km}$，$\varphi_2 = 2.838\mathrm{rad}$ 时，可得到
$$AB = 6371 \times 2.838 = 18080.9(\mathrm{km})$$

2. 卫星通信属于宇宙无线电通信

宇宙无线电通信有三种基本方式（图 4-3）：一是地球站与宇宙站之间的通信；二是宇宙站之间的通信；三是通过宇宙站的转发进行的地球站之间的通信。卫星通信是第三种方式。

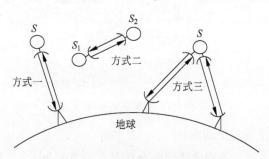

图 4-3　宇宙无线电通信三种基本形式

三种基本形式组合形成的各种卫星通信系统如图 4-4 所示。

图 4-4 中显示了三种运用场景：在场景一中，由于 S_1 不能覆盖另外一个地球站，还需要 S_2 来中继，称为两跳；在场景二中，近地轨道上的 S_1 资源卫星把收集的数据发给 S_2，S_2 再把数据转发给地球站，因为近地轨道上的 S_1 相对于地面在动；在场景三中，利用近地轨道上的 S_1 和 S_2 中继，实现两个地球站的通信，这也是卫星移动通信的方案，依靠多颗这种卫星实现覆盖。

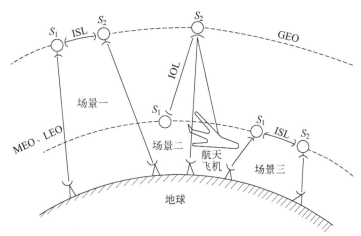

ISL—星间链路,是同一轨道上的两颗不同的卫星;IOL—星际链路,是不同轨道上的两颗卫星;LEO—低轨道;
MEO—中轨道;GEO—静止轨道

图 4-4　各种卫星通信系统

4.1.2　卫星运行轨道

假设卫星只受地球引力影响,地球是理想的球体,则卫星绕地心飞行的规律符合开普勒三大定律。

1. 开普勒第一定律

小物体(卫星)在围绕大物体(地球)运动时的轨道是一个椭圆(图 4-5),大物体的质心是该椭圆的一个焦点。

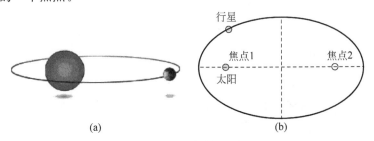

图 4-5　开普勒第一定律

2. 开普勒第二定律

卫星在轨道上运动时,卫星与地心的连线在相同时间内扫过的面积相等,如图 4-6 所示。

3. 开普勒第三定律

卫星绕地心运行周期的平方与椭圆轨道长半轴 a 的立方成正比:

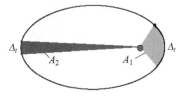

图 4-6　开普勒第二定律

$$T^2 = \frac{4\pi^2 a^3}{\mu} \tag{4-1}$$

式中:T 为周期(s);a 为长半轴(km),μ 为开普勒常数,$\mu = 398613.52\text{km}^3/\text{s}^2$。

4. 卫星轨道类型

如图 4-7 所示，卫星在不同轨道上运行，LEO 高度为 500～1500km，国际空间站就处于这种轨道；MEO 高度为 10000～20000km；高轨道（HEO）距地最近点为 1000～21000km，最远点为 39500～50600km，最典型的是俄罗斯的"闪电"卫星。静止卫星距地35785km，近似为 36000km。

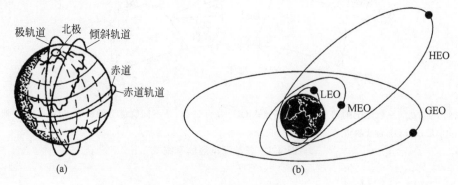

图 4-7 各种卫星轨道

实际上，卫星还受月球、太阳或者其他行星的引力影响，地球不是理想的球体。因此，实际的在轨卫星需要进行轨道控制和姿态控制，卫星要进行正常通信，轨道和姿态监测和控制是关键。

4.1.3 静止卫星的观察参数

如图 4-8 所示，R_E 为地球的半径，h_E 为卫星距离地面的高度。地面站 A 的经度为φ_1，纬度为 θ_1，卫星 S 的经度为 φ_2，S' 为卫星与地心连线在地面的交点，称为星下点，S'与 A 的经度差为 $\varphi_2 - \varphi_1$。

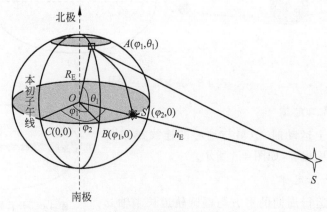

图 4-8 经度差

1. 仰角

仰角是指地球站天线对准卫星时，天线的电轴线与地平线之间的夹角，如图 4-9

所示。

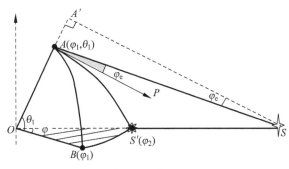

图 4-9　仰角

对于静止卫星而言,若

$$\frac{R_E}{R_E + h_E} = \frac{6371}{6371 + 35786} \approx 0.150$$

则仰角为

$$\varphi_e = \arctan\left[\frac{\cos\theta_1\cos\varphi - 0.150}{\sqrt{1 - (\cos\theta_1\cos\varphi)^2}}\right]$$

2. 方位角

观察者从基准方向起向东旋转到目标方向所形成的角称为该点的方位角,如图 4-10 所示。

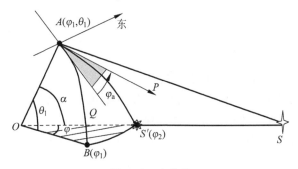

图 4-10　方位角

若以正南为基准方向,则方位角为

$$\varphi_a = \arctan\left[\frac{\tan\varphi}{\sin\theta_1}\right]$$

3. 卫星和地面站之间的距离

卫星和地面站的距离如图 4-11 所示。

卫星和地面站的距离为

$$D = \sqrt{R_E^2 + (R_E + h_E)^2 - 2R_E(R_E + h_E)\cos\theta_1\cos\varphi}$$

$$= 42153.7 \times \sqrt{1.023 - 0.302\cos\theta_1\cos\varphi}\ (\text{km})$$

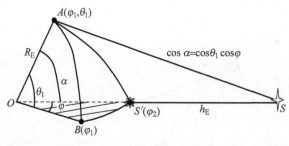

图 4-11　卫星和地面站的距离

视频

4.1.4　卫星通信系统组成

　　卫星通信系统包括空间分系统、地球站分系统、跟踪遥测指令分系统和监控分系统，如图 4-12 所示。

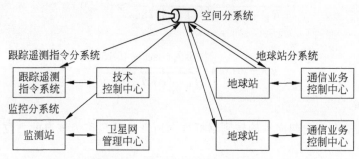

图 4-12　卫星通信系统的组成

　　空间分系统起无线电中继站的作用，靠星上通信装置中的转发器和天线来完成。卫星可包括一个或多个转发器，转发器越多，卫星通信容量就越大。

　　地球站分系统是通信收发双方的主体。

　　跟踪遥测指令分系统对卫星跟踪测量，控制其准确进入轨道上的指定位置；卫星正常运行后，定期对卫星进行轨道修正和位置保持。

　　监控分系统对定点的卫星在业务开通前后进行通信性能的监测和控制，如检测卫星转发器功率、各地球站发射的功率、射频频率等以保证正常通信。

　　如图 4-13 所示，卫星通信中上行信号和下行信号的频率不同，以避免在卫星通信天线中产生信号干扰；上行链路频率 f_1 比下行链路频率 f_2 高，是因为频率越高传输损耗越大，而地面站容易提供更大的功率。

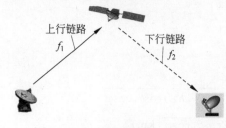

上行链路
f_1

下行链路
f_2

图 4-13　卫星通信链路（$f_1 > f_2$）

　　卫星通信线路和链路分别如图 4-14 和图 4-15 所示，利用微波通信的知识，可以理解国际卫星电话的通信过程。

　　【例 4-2】　结合图 4-14 和图 4-15 说明卫星进行长途通话的过程。

　　语音模拟信号进入信道终端设备，在终端设备进行了模拟信号数字化、信源编码、信道编

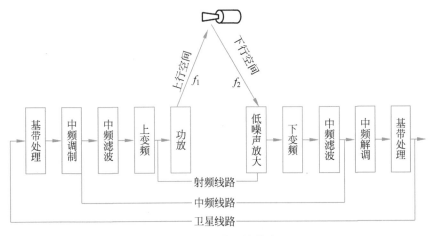

图 4-14　卫星通信线路

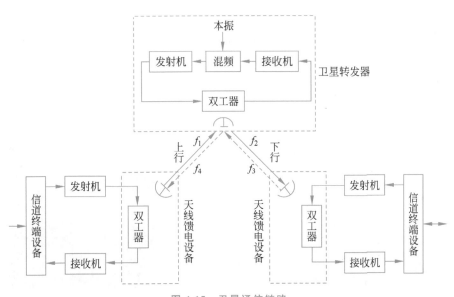

图 4-15　卫星通信链路

码和中频调制。

中频信号进入发射机,在发射机中进行了中频信号的上变频和滤波,变为频率 f_1 的射频信号,放大后经天线发射出去。经由上行链路传输,卫星转发器的天线接收到射频信号,进行低噪声放大和功放,然后混频和滤波,变为频率 f_2 的射频信号,然后经发射机滤波和放大后经卫星转发器的天线向地球站发射。

频率 f_2 的射频信号经下行链路传输,被地球站天线接收,首先经接收机进行预放大和功放,然后下变频和滤波变为中频信号进入信道终端设备。

中频信号经过中频解调、信道解码、信源解码和数字信号模拟化变为模拟的语音信号。

4.1.5　卫星通信历史

　　1945年,英国的克拉克发表了论文,题目为《地球外的中继站》,提出地球同步静止轨道卫星通信的构想:向赤道上空约36000km的同步轨道上发射静止卫星,用它作为太空中继站,这样的中继站波束可覆盖约1/3的地球表面。适当配置3颗静止卫星就可以覆盖全球,建立全球通信体系,如图4-16所示。1954年,美国建立了地球站,利用月球的反射进行无源卫星通信;同年,美国人哈罗德·罗森设计了自旋稳定式卫星,后来获得了诺贝尔奖。1957年,苏联将人类第一颗卫星Sputnik 1送入太空,引起了美国的恐慌,美国因此创造了计算机网络。1963年2月,美国发射了第一颗静止轨道卫星SYNCOM试验卫星,它成功地转播了1964年东京奥运会的实况。从此,卫星通信进入成熟期。1993年,美国QPSK调制技术的DBS(直播卫星业务)试验卫星发射。1994年,数字DBS系统投入商业营运。

　　当前,最能体现通信卫星技术水平的是国际通信卫星9号(图4-17),由美国劳拉空间系统公司建造,质量为4680kg,在轨设计寿命为13年,有44个C波段转发器和12个Ku波段转发器,为用户提供因特网、电话、电视、企业网服务以及天地混合网解决方案。

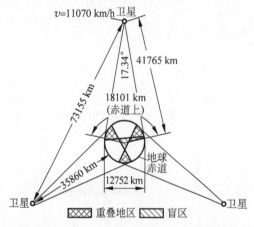

图4-16　静止卫星配置的几何关系

图4-17　国际通信卫星9号

　　大卫星发展态势如图4-18所示,可以看出:卫星体积和质量在增加,而地址站体积质量在减少;而卫星微小化的发展趋势是卫星体积和质量越来越小,出现了质量在1000kg以下的"微小卫星";这些微小卫星进一步可细分为

$$
微小卫星
\begin{cases}
小卫星:100 \sim 1000 \text{kg} \\
微卫星:10 \sim 100 \text{kg} \\
纳卫星:1 \sim 10 \text{kg} \\
皮卫星:0.1 \sim 1 \text{kg} \\
飞卫星:0.1 \text{kg 以下}
\end{cases}
$$

　　微小卫星的特点是单颗卫星体积小,功能单一,但多颗卫星组成星座后可以实现并超越一颗大型卫星的功能。美国的"鸽群"卫星(图4-19)星座,目前在轨140多颗,是世

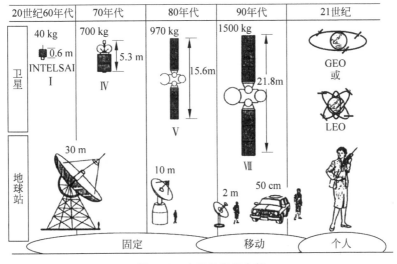

图 4-18　大卫星发展态势

界上最大的遥感星座,每天可以重访地球任意地点两次。

2018 年 3 月 26 日,"鸽群"卫星侦察发现了中国海军航空母舰编队在南海训练的情况,两次时间相隔 41min,该遥感图像引起了全球关注。

SpaceX 公司的首席执行官(CEO)埃隆·马斯克于 2016 年 11 月 17 日申请发射 4425 颗卫星,为全球提供互联网,网络速率达到 1Gb/s。

图 4-19　"鸽群"卫星

视频

4.1.6　静止卫星通信特点

1. 优点

(1) **通信距离远,且费用与通信距离无关**。利用静止卫星,最大通信距离达 18000km 左右,而且建站费用和运行费用不因通信站之间的距离远近及两站之间地面上的自然条件恶劣程度而变化。这在远距离通信上比地面微波中继、电缆、光缆、短波通信等有明显的优势。

(2) **覆盖面积大,可进行多址通信**。卫星通信明显的特征是天线能够覆盖较宽范围的地域。固定卫星业务和陆地卫星业务,天线能覆盖陆地;区域通信或国内通信,天线能覆盖特定地区。因此,卫星天线出现了全球波束、半球波束、区域波束、国内波束、点波束以及成形波束,如图 4-20 所示。

由于卫星通信是大面积覆盖,因而在卫星天线波束覆盖的整个区域内的任何一点都可设置地球站,这些地球站可共用一颗通信卫星来实现双边或多边通信,即进行多址通信。

(3) **通信频带宽,传输容量大,适于多种业务传输**。由于

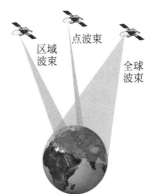

图 4-20　常见波束覆盖区域示意图

卫星通信通常使用 300MHz 以上的微波频段,所以信号所用带宽和传输容量要比其他频段大得多。目前,卫星带宽已达 3000MHz 以上。一颗卫星的通信容量已达到 30000 路电话,并可同时传输 3 路彩色电视以及数据等其他信息。

(4) **通信线路稳定可靠,通信质量高。**由于卫星通信的无线电波主要是在大气层以外的宇宙空间中传输,而宇宙空间是接近真空状态的,可看作均匀介质,所以电波传播比较稳定。同时它不受地形、地貌如丘陵、沙漠、丛林、沼泽地等自然条件的影响,且不易受自然或人为干扰以及通信距离变化的影响,故通信稳定可靠,传输质量高。

(5) **通信电路灵活。**只要求处于卫星覆盖范围,就可实现远距离通信。

(6) **机动性好。**卫星通信不仅能作为大型地球站之间的远距离通信干线,而且可以在车载、船载、机载等移动地球站间进行通信,甚至还可以为个人终端提供通信服务。卫星通信还做到了在短时间内将通信网延伸至新的区域,使设施遭到破坏的地域迅速恢复通信。

2. **缺点**

(1) 两极地区为通信盲区,高纬度地区通信效果不好。

(2) 卫星发射和控制技术比较复杂。

(3) 存在日凌中断和星蚀现象,如图 4-21 所示。

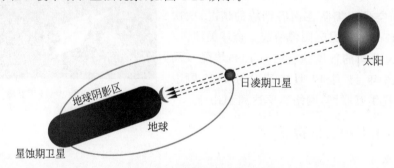

图 4-21　日凌中断和星蚀现象

日凌就是卫星运行到太阳和接收站之间并在一条直线上时,接收站天线正对准卫星和太阳的现象。日凌期间,强烈的太阳噪声将淹没微弱的下行信号,使卫星广播和通信受到严重的干扰甚至造成中断。日凌是不可避免的自然现象,但不影响地球站发射信号。

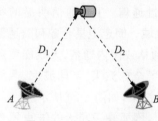

图 4-22　同步卫星通信

星蚀就是当卫星、地球和太阳三者运行到一条直线,地球在太阳和卫星之间,卫星处于地球阴影区的现象。星蚀期,卫星的太阳能电池不工作,只能靠蓄电池提供电能。

(4) **有较大的信号传播延迟和回波干扰。**回波干扰可用横向滤波器抵消。

按图 4-22 估计在同步卫星通信中,微波信号经过一次中继会有多大的延迟?

当 $D_1 = D_2 = 40000km$ 时,有

$$\tau = \frac{D_1 + D_2}{c} = \frac{40000 + 40000}{299792} = 0.27(\mathrm{s})$$

这也是我们在观看电视的现场直播节目中,当主持人与现场记者对话时,感觉现场记者反应有些迟钝的原因。

4.2 卫星通信系统的结构

视频

卫星通信系统可分为通信卫星、地球站、跟踪遥测指令分系统和监控管理分系统四大块,如图 4-23 所示。注意,完成跟踪遥测指令功能涉及星上部分和地面部分,地面部分就是测控站,它所处的位置最容易看到卫星,包括陆地的测控中心和海上的测控船。"远望"6 号测控船如图 4-24 所示。

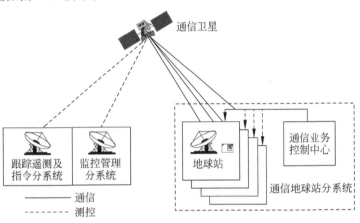

图 4-23 卫星通信系统

图 4-24 "远望"6 号测控船

地球站一般包括通信地球站、测控地球站和监控地球站。

4.2.1 通信卫星

通信卫星主要由遥测指令分系统、控制分系统、天线分系统、通信分系统(转发器)、电源分系统和温控分系统六个分系统组成,如图 4-25 所示。

1. 遥测指令分系统

遥测指令分系统是完成"跟踪遥测指令"功能的星上部分。卫星上有上百个传感器,它们执行对电压、电流、频率、温度等上百个工程参数实时测量。这些测量信号经**遥测**

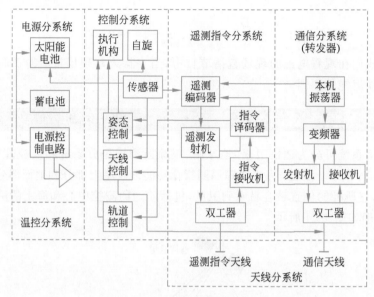

图 4-25　通信卫星的结构

编码器"进行放大、信源编码、加密、多路复用、信道编码和中频调制,再经"遥测发射机"上变频和放大后,经过"遥测指令天线"发射给地面的测控站。"遥测发射机"还要发射一定格式的微波信号(称为**信标**),便于地面测控站完成对卫星的**跟踪**。

测控站把数据发给卫星监控中心,卫星监控中心分析遥测数据,如果发现卫星上有异常事件,如轨道位置、姿态、星上仪器工作状态和公用舱温度需要调整,就先将控制指令发送给测控站,再由测控站向卫星发射微波控制指令。

"遥测指令天线"接收微波指令信号,通过放大和下变频变为中频指令信号,经过"指令译码器"解调和译码变为指令;然后将其暂时存储起来,同时经遥测设备发回地面进行校对,地面测控站核对无误后再发出"指令执行"信号,指令设备收到"指令执行"信号后,将存储的指令送到控制分系统。

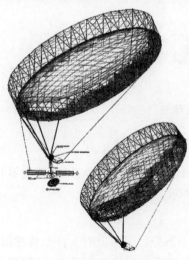

图 4-26　大口径环形卫星天线

2. 控制分系统

控制分系统收到指令后,按要求的参数产生控制信号完成对姿态、轨道位置控制、星上仪器工作状态控制和公用舱温度控制等,从而完成地面对卫星的远程控制。

3. 天线分系统

天线分系统是通信卫星的"耳目",一种是遥测、指令和信标天线,一般是全向天线,以便可靠地接收指令并向地面发射遥测数据和信标;另一种是通信用微波天线,根据需要可设计成全球波束天线、区域波束天线、点波束天线和成形波束天线。

目前,通信天线有一种新技术——大口径环形卫星天线,如图 4-26 所示。利用大口径环形卫星天线进行电子侦察,甚至能监听地面与核潜艇之间的通信。

4. 通信分系统

通信分系统(又称"转发器")实质上是一种宽频带的收发信机,主要功能是收到地面发来的信号后,进行低噪声放大,然后混频,再进行功率放大,最后发射回地面。

对转发器的基本要求是以最小的附加噪声和失真来放大和转发无线电信号。卫星转发器分为透明转发和处理转发。

1) 透明转发器

透明转发器对工作频带内任何信号是"透明"通路,仅对输入信号进行低噪声放大、变频以及功率放大,即仅单纯完成信号的转发任务,不处理信号。

透明转发器分为一次变频方案和二次变频方案。

一次变频也称为单频转发器,目前较常用,如图 4-27 所示,与微波通信的"直接中继"类似。因为转发器一直在微波频率上工作,所以又称为微波式频率变换转发器。它的射频带宽可达 500MHz,转发器的输入与输出特性是线性的,允许多载波工作,即适用于多址连接的大容量卫星通信系统。

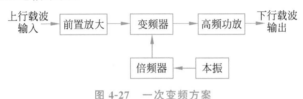

图 4-27　一次变频方案

二次变频也称为双变频转发器,如图 4-28 所示,与微波通信的"**外差中继**"类似。双变频转发器先把接收的信号变为中频,经放大限幅后变频成下行频率,再功放、发射。它的特点是增益较高。因此,这种转发器只适用于转发单一载波的早期的业务量小的通信卫星。

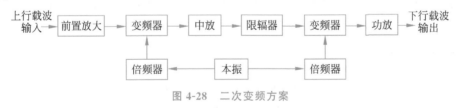

图 4-28　二次变频方案

2) 处理转发器

处理转发器除了转发信号外,主要还具有处理信号的功能。它的组成框图如图 4-29所示。这种转发器与双变频转发器相似,不同的是在两级变频器之间增加了解调、信号处理和调制三个单元。这种转发器在第一次变频之后,要对信号解调、处理,然后重新调制、变频、功放后再发射回地面。

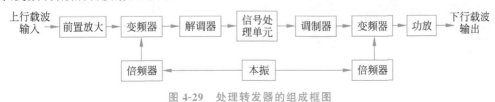

图 4-29　处理转发器的组成框图

卫星上的信号处理大体包括三种：一是对数字信号进行判决和再生，以消除噪声积累；二是在多个卫星天线波束之间进行信号交换的处理；三是对信号进行更复杂的变换、交换和处理。

5. 电源分系统

电源分系统给星上的设备提供稳定、可靠的电源。常用的电源有太阳能电池和化学能电池，如图 4-30 所示。在有光照时，主要使用太阳能电池；当卫星处于发射状态或处于地球阴影区时，使用化学电池，以保证不间断地供电。

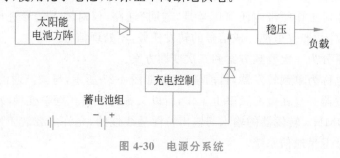

图 4-30　电源分系统

6. 温控分系统

温控分系统是指通过对卫星内外的热交换过程的控制，保证星体各个部位及星上仪器设备在整个任务期间都处于正常工作的温度范围。

由于卫星上面搭载的仪器设备各有不同，其工作模式、热特性以及对于温度的要求也不尽相同。大致可以分为常温要求、恒温要求、高、低温要求和等温要求等。

卫星主要通过被动热控方法和主动热控方法实现温控。被动热控方法是指通过在卫星壳体或元器件外部安装隔热材料、涂抹高发射-吸收比值或低发射-吸收比值的涂层等手段控制温度变化。由于被动热控方法不具备自动调节能力，不能适应内、外热流变化幅度较大的情况，尤其是内热源的变化，这时应考虑采取主动热控方法，如为相应元器件添加百叶窗、对流系统、电加热器等。

4.2.2　地球站

地球站如图 4-31 所示。典型的双工地球站一般包括信道终端、发射设备、接收设备、天馈设备、跟踪伺服设备和电源等，如图 4-32 所示。

图 4-31　地球站

1. 信道终端

信道终端是用户与卫星通信系统的接口，就像一部手机，它对用户信号的处理包括模拟信号数字化、信源编码/解码、信道编码/解码、中频信号的调制/解调等。各种卫星通信系统关键技术主要集中在信道终端设备所采用的各种技术上。

2. 发射设备

发射设备将来自信道终端的中频已调信号变为

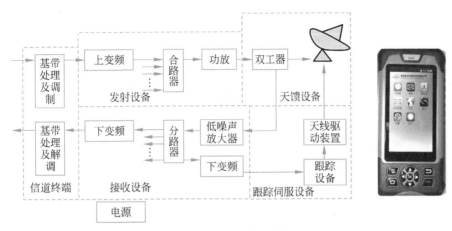

图 4-32 地球站结构和信道终端

射频信号,合路并放大到一定的电平后,由馈线送到天馈系统,与微波通信系统的发信机类似。

3. 接收设备

接收设备将天馈系统收集的卫星下行微波信号进行放大,分路并下变频到中频信号后送到信道终端,与微波通信系统的收信机类似。

4. 天馈设备

天馈设备将发射设备送来的射频信号对准卫星发射,同时接收卫星发来的下行微弱电信号送到接收设备。

地址站天线一般采用卡塞格伦天线(图 4-33),它包括抛物面形的主反射镜和双曲面形的副反射镜。馈源喇叭辐射出来的电波首先投射到副反射镜上,副反射镜又将电波反射到主反射镜上,主反射镜把副反射镜反射来的球面波波束变成平行波波束反射出去。

馈源喇叭是连接发射机和接收机分路系统与天线的馈线设备,目前常用的是椭圆软波导(图 4-34),椭圆软波导单位长度损耗较小,适宜长馈线使用。

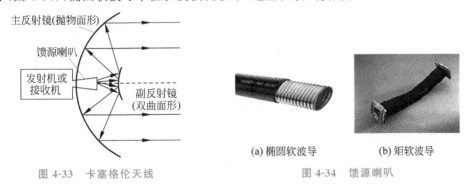

图 4-33 卡塞格伦天线

(a) 椭圆软波导   (b) 矩软波导

图 4-34 馈源喇叭

5. 跟踪伺服设备

跟踪伺服设备保证天线始终对准卫星,可采用手动和自动两种方法。一般小站采用手动方式;大型地球站采用实时检测信标信号的强度,通过控制系统来控制天线的指向。

视频

选择工作频段要考虑接收的外界噪声小,传输损耗小,设备兼容性好,质量和体积小,功耗低,可用频带高,受其他通信系统的干扰小。

4.3.1　大气吸收的影响

大气层结构如图 4-35 所示。电离层是从距地面约 60km 开始一直伸展到约 400km 高度的地球高层大气空域,其中存在相当多的自由电子和离子,它可以改变无线电波传播速度,引起折射、反射和散射,产生极化面的旋转,并吸收电磁信号的能量。

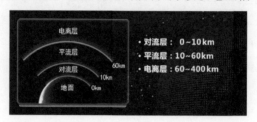

图 4-35　大气层结构

由于卫星距离地面较高,卫星通信必须通过电离层,因此卫星通信必须是使用微波频带($300MHz \sim 300GHz$)。

如图 4-36 所示,$0.1GHz$ 以下自由电子或离子对电波的吸收起主要作用,频率越低越严重,频率高于 $0.3GHz$ 时,其影响可以忽略。

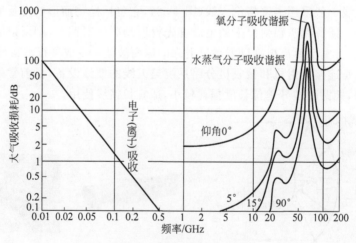

图 4-36　大气对电波的吸收

水蒸气分子在 $21GHz$ 左右发生谐振吸收,出现一个更大的损耗峰。氮没有谐振峰,CO_2 的谐振峰在 $300GHz$。氧气损耗存在若干极大点,使得 $60GHz$ 不适合星地传送。

在 $0.3 \sim 10GHz$ 频段,大气损耗最小,称此频段为"**无线电窗口**"。在 $30GHz$ 附近也有一个损耗低谷,此频段常称为"**半透明无线电窗口**"。

天线轴线与地面的夹角称为天线波束仰角。地球站所处位置使天线波束仰角越大，无线电波通过大气层的路径越短，则吸收作用就越小。当频率低于 10GHz，仰角大于 5°时，其影响基本可忽略。

前面讲过，雨滴和雾对较高频率的电磁波会产生散射和吸收作用，带来的损耗称为雨衰。图 4-37 是卫星通信中雨衰与频率的关系。

在 10GHz 以下，链路附加损耗较小且平坦，频率超过 12GHz，损耗上升很快。线路设计时，一般以晴天为基础进行计算，然后留有一定的裕量，以保证气候恶劣条件仍能满足通信质量的要求。通常在 10GHz 以下，中雨以上的影响要考虑。

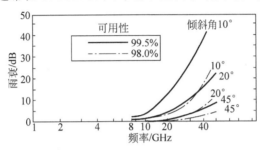

图 4-37   卫星通信中雨衰与频率的关系

4.3.2   噪声的影响

微波通信中噪声的大小用噪声温度来表示，单位为 K，噪声温度越大，表示噪声越强。天线的噪声温度仿照匹配电阻情况下的热噪声功率 P_A 与温度的对应关系来定义，即

$$T_A = \frac{P_A}{kB}$$

式中：k 为玻耳兹曼常量，$k = 1.3805 \times 10^{-23}$ J/K；B 为接收系统的等效噪声宽度；T_A 为天线的等效噪声温度，$T_A = 87.09(EL)^{-0.39}$（C 波段），$T_A = 88.34(EL)^{-0.19}$（Ku 波段），其中 EL 为天线仰角。

若接收系统输入端匹配，则各种外部噪声和天线损耗噪声综合在一起，进入接收系统的噪声功率应为

$$N_a = kT_A B \tag{4-2}$$

图 4-38 是卫星通信中接收到的噪声，宇宙噪声、大气噪声、降雨噪声、太阳噪声和天电噪声是太空中的噪声，后面 4 种是由地面温度引起的噪声、地面反射的大气噪声，剩下的是包括上行线路和转发器的互调噪声。

噪声的影响与微波的频率有关，如图 4-39 所示。由此可见，宇宙噪声在 1GHz 以上对通信影响不大，氧、水蒸气、云、雨、雾噪声等在 10GHz 以上对通信影响较大。

4.3.3   常用工作频段

卫星通信系统的工作频段如图 4-40 所示，卫星通信的工作频段与地面微波通信系统

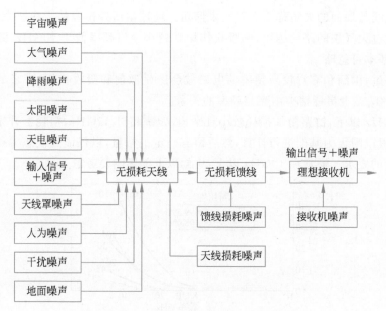

图 4-38   地球站接收机输入端的噪声

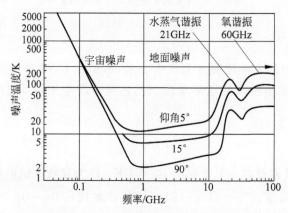

图 4-39   噪声温度与频率之间的关系

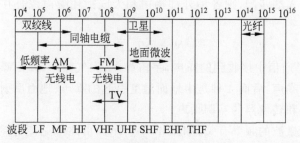

图 4-40   卫星通信系统的工作频段

大部分重合。卫星通信常用的工作频段有 C 波段、Ku 波段和 Ka 波段,如表 4-1 所示。

按照军用和商用的不同,频段划分见表 4-2。我国卫星通信系统常用 L 波段、S 波段、C 波段和 X 波段。

表 4-1 卫星通信常用工作频段

频　段	上行频率/GHz	下行频率/GHz	简　称
C 波段	5.925～6.425	3.7～4.2	6/4G
Ku 波段	14.0～14.5	10.95～11.2 11.45～11.7	14/11G
Ka 波段	27.5～31	17.7～21.2	30/20G

表 4-2 卫星通信工作频段

频率划分		频率范围	带　宽	应　用
UHF	L	200～400MHz	47MHz	军用
		1.5～1.6GHz		商用
SHF	S	4/2GHz	400MHz	商用
	C	6/4GHz	800MHz	商用
	X	8/7GHz	500MHz	军用
	Ku	14/12GHz	500MHz	商用
	Ka	30/20GHz	2500MHz	军用
			1000MHz	商用
BHF	Q	44/20GHz	3500MHz	军用
	v	64/59GHz	5000MHz	军用

4.3.4 中国的"鹊桥"中继卫星

2018 年 5 月,我国发射了"鹊桥"中继卫星,它运行在地月引力平衡点(L_2 点)的轨道上,距离地球约 44.5 万 km,距离月球约 6.5 万 km,如图 4-41 所示。

2019 年 1 月,"嫦娥"四号探测器自主着陆在月球背面冯·卡门撞击坑内,实现人类探测器首次月背软着陆,如图 4-42 所示,通过"鹊桥"中继卫星传回了世界第一张近距离拍摄的月背影像图。

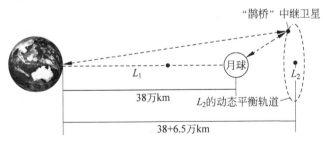

图 4-41 中国的"鹊桥"中继卫星

图 4-42 探测器首次月背软着陆

"嫦娥"四号探测器包括着陆器和巡视器。"鹊桥"为"嫦娥"四号探测器提供地月中继通信。月球上的探测器与"鹊桥"中继卫星之间利用 X 频段通信;地面站与"鹊桥"中继卫星之间利用 S 频段和 X 频段通信,如图 4-43 所示。

利用"鹊桥"中继卫星的地月中继传回来的图像(图 4-44)表明,由重庆大学牵头研制的生物月球生长试验项目非常成功。

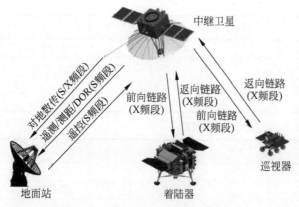

图 4-43 "鹊桥"中继卫星的工作频段　　　　图 4-44 重庆大学的生物试验

视频

4.4 复用和多址

4.4.1 多路复用

前面已经介绍了频分复用和时分复用,可以发现它们能提高线路利用率。多路复用是将来自不同信源的消息信号,按某种方式合并成一个多路信号,然后通过同一个信道传送到接收端,接收端再从这个多路信号中按相应方式分离出各路信号分送给不同的用户。

为了在接收端将不同用户的信号区分开来,必须把不同用户的信号打上标签,进行标识,这个过程称为信号的分割。常见的多路复用方式还有码分复用(CDM)和波分复用(WDM)。

4.4.2 卫星多址技术

卫星多址技术是指在卫星覆盖区内的多个地球站,通过同一颗卫星的中继建立两址和多址之间的通信技术。

在通信系统中,通信信号的分割是以信号的频率、信号出现的时间和信号所处的空间来实现。考虑到实际的噪声等因素,卫星多址的主要方法是频分多址(FDMA)、时分多址(TDMA)和码分多址(CDMA)等,如图 4-45 所示。

复用和多址的区别(图 4-46):卫星通信的多址技术是指多个地球站发射的信号在射频信道上的复用,以达到各地球站之间同一时间、同一方向的多边通信;卫星通信的多路复用是指一个地球站(如 B 站或 E 站)内的多路低频信号在基带信道上的复用,以达到两个地球站之间双边用户的点到点的通信。

多址方式不同,"信道"的含义不同:FDMA 中的信道是指各地球站占用的转发器频段;TDMA 中的信道是指各地球站占用的时隙;CDMA 中的信道是指各地球站使用的码型。

不同站址的地球站接入卫星时要进行信道分配。常见信道分配方式如下。

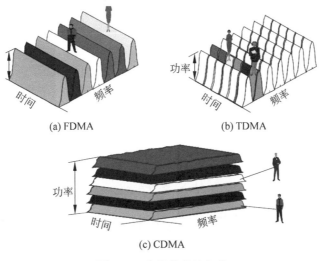

(a) FDMA   (b) TDMA

(c) CDMA

图 4-45　主要的多址方式

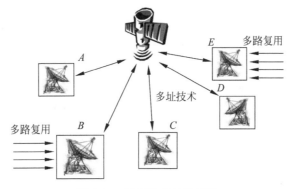

图 4-46　复用和多址的区别

（1）预分配方式：**固定预分配（FPA）**，按事先规定分配给每个地球站固定数量的信道，其他地球站不得占用；**按时预分配（TPA）**：根据统计，事先获知各地球站的业务量随时间变化的规律，然后按规律对信道做几次固定的调整。

（2）按需分配多路寻址（DAMA）方式：其特点是所有信道为系统中各地球站公用，当某地球站需要与另一地球站通信时，首先提出申请，通过控制中心分配一对空闲信道供其使用；一旦通信结束，这对信道又会共享。

4.5　频分多址

视频

4.5.1　频分多址原理

频分多址的基本特征是把卫星转发器的可用射频频带分成若干互不重叠的部分，分配给各地球站使用。

频分复用利用调制和滤波技术使多路信号以频率分割的方式同时在同一条线路上互不干扰地传输，频分多址也是采用类似的原理。

4.5.2 典型的频分多址系统

1. 多路单载波频分多址

多路单载波频分多址典型的方式是 TDM-PSK-FDMA 体制,它首先将多路数字基带信号用时分复用方式复用在一起,然后以 PSK 方式调制到一个载波上,最后以 FDMA 方式发射和接收,如图 4-47 所示。

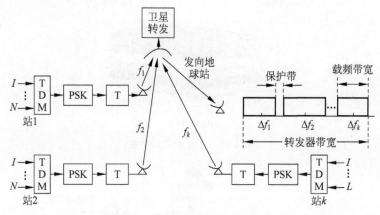

图 4-47　TDM-PSK-FDMA 方式

还可以采用 FDM-FM-FDMA 体制,它首先将多路数字基带信号用频分复用方式复用在一起,然后以 FM 方式调制到一个载波上,最后以 FDMA 方式发射和接收,如图 4-48 所示。

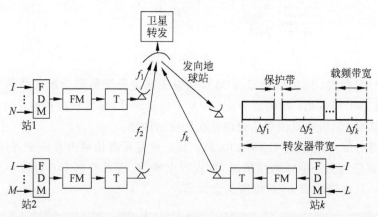

图 4-48　FDM-FM-FDMA 方式

2. 单路单载波频分多址

单路单载波(SCPC)频分多址方式主要应用于业务量较小的地球站。SCPC 方式在每一载波上只传送一路电话,并采用语音激活技术,不讲话时关闭所用载波,如图 4-49 所示。

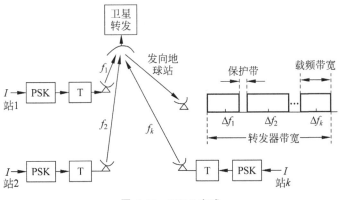

图 4-49　SCPC 方式

3. SPADE 方式

若信道的分配采用按需分配,则 SCPC 方式就成为单路单载波-按需分配-频分多址(SPADE)方式,其频率配置如图 4-50 所示,把一个转发器的 36MHz 带宽以 45kHz 等间隔划分为 800 个信道。这些信道以导频为中心在其两侧对称配置,导频左右两个间隔 18.045MHz 的信道配对使用构成一条双向线路。其中,$1-1'$、$2-2'$ 和 $400-400'$ 三对信道空闲,余下的 794 个信道提供 397 条双向线路。考虑保护带宽,每条信道实际带宽为 38kHz。

SPADE 系统中按需分配的控制信号和各站的交换信号通过公用信号信道(CSC)来传送。

FDMA 的缺点是多个载波信号同时通过转发器时,转发器功率放大器将产生互调分量。为了避免互调干扰,所有载波的总功率应不超过转发器的线性功率,让转发器功率放大器工作在线性区。转发器功率放大器的输出特性如图 4-51 所示。

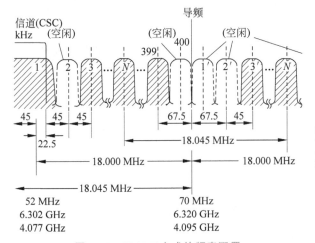

图 4-50　SPADE 方式的频率配置

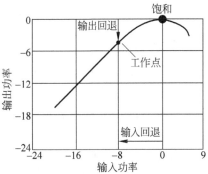

图 4-51　转发器功率放大器的输出特性

视频

4.6 时分多址

4.6.1 时分多址原理

时分多址的基本特征是把卫星转发器的工作时间分割成周期性的互不重叠的时隙,分配给各站使用。

为了保证正常通信,时分复用中收、发端旋转开关必须同频同相。发送端采用不同时隙发送信号,实现了不同用户信号的分割,接收端采用不同时隙提取不同的用户信号。

卫星通信的时分多址也是采用类似的原理,用不同时隙来区分地球站地址,只允许各地球站在规定时隙内发射信号,这些射频信号通过卫星转发器时,在时间上严格依次排列、互不重叠,如图 4-52 所示。

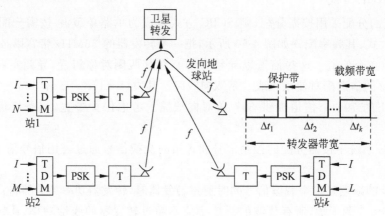

图 4-52 时分多址方式

4.6.2 时分多址典型的制式

卫星通信的时分多址典型的制式是 TDM-PSK-TDMA,各用户信号被时分复用后对其进行相移键控,转发器按时分实现多址连接。

4.6.3 时分多址的帧结构

与时分复用一样,需要严格的同步也是时分多址的缺点。时分多址系统必须保证全网帧同步(图 4-53),一般由基准站发送用于全网同步的"基准分帧",它是时分多址帧的第一个时隙,不含任何业务信息,仅用作同步和网络控制。

基准站相继两次发射基准信号的时间间隔称为一帧,因此,时分多址帧由一个基准分帧和若干信息分帧组成,每个分帧占据一个时隙,如图 4-54 所示。为了保证各分帧之间不相互重叠,在它们之间留有一定的保护时间。

在时分多址系统中,任何时刻都只有一个站发出的信号通过转发器,这样转发器始终处于单载波工作状态,因而放大器可工作于接近饱和点,这可以充分利用卫星功率且无互调,这是时分多址的优点。

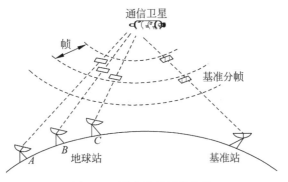

图 4-53 时分多址同步方法

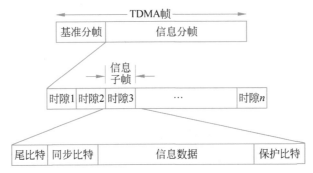

图 4-54 时分多址的帧结构

4.7 码分多址

视频

4.7.1 码分复用原理

先来认识一个物理量——正交码。

设 x 和 y 表示两个码组：

$$x = (x_1, x_2, \cdots, x_N), \quad y = (y_1, y_2, \cdots, y_N) \tag{4-3}$$

式中：x_i 和 y_i 取 $+1$ 或者 $-1, i = 1, 2, 3, \cdots, N$。

互相关系数定义为

$$\rho(x, y) = \frac{1}{N} \sum_{i=1}^{N} x_i y_i \tag{4-4}$$

两码组正交的必要和充分条件为

$$\rho(x, y) = 0 \tag{4-5}$$

比如下式：

$$\begin{cases} s_1 = (+1, +1, +1, +1) \\ s_2 = (+1, +1, -1, -1) \\ s_3 = (+1, -1, -1, +1) \\ s_4 = (+1, -1, +1, -1) \end{cases} \tag{4-6}$$

可以验证,这 4 个码组两两正交,它们就是正交码。采用这 4 个码组进行码分多路复用(CDM)的原理如图 4-55 所示。在发送端,利用各正交码与用户信号相乘,称为扩频调制;然后各用户的已调信号的和信号在同一条线路上传输;在接收端,利用各自对应的正交码与和信号相乘(称为解扩),然后进行积分和判决,得到各用户消息。

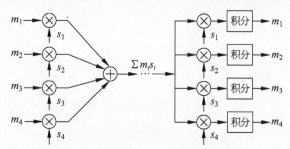

图 4-55   码分多路复用原理

下面分析为什么采用这种方式能分割四个用户的信号。

如图 4-56(a)是用户信号 $m_i(t)$,是双极性不归零码的基带信号,其幅度分别为 +1、+1、-1 和 +1;图 4-56(b)是正交码 $s_i(t)$,与式(4-6)相同;图 4-56(c)是扩频调制信号。注意,此处信号是基带信号的幅度,因此扩频调制采用乘法器。

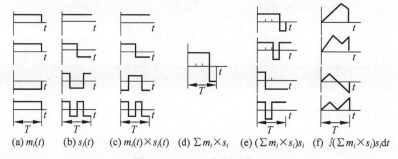

(a) $m_i(t)$ (b) $s_i(t)$ (c) $m_i(t) \times s_i(t)$ (d) $\sum m_i \times s_i$ (e) $(\sum m_i \times s_i)s_i$ (f) $\int(\sum m_i \times s_i)s_i \mathrm{d}t$

图 4-56   CDM 的复原波形

试分析图 4-56(c)中的波形是否有误?

注意,正交码 $s_i(t)$ 的周期短,其周期是基带信号码周期的 1/4,扩频调制时候是以正交码的短码周期为单位进行乘法运算。

扩频调制就是采用正交码 $s_i(t)$ 对 $m_i(t)$ 进行幅度调制,相当于正交码 $s_i(t)$ 对用户信号打上了标签,对用户信号进行分割。

通过对各扩频调制后的信号求和得到的和信号称为复合码。复合码信号在一条线路上传输到达接收端。那么和信号的幅度是多少?它随着时间发生了什么样的变化?实际上前 3 个短周期是 +2,最后一个短周期是 -2。

这种方法是否成功还得取决于最终能否从复合码中识别出来各个用户的信号。CDM 怎么做的呢?

以短码周期为一个个单元,CDM 在接收端用与发送端相同的正交码进行解扩。把解扩的结果在短码周期内求积分,相当于计算与时间轴所围成的面积。对恒定的正幅度值,积分值线性增加;遇到负幅度值,积分值不再增加,从最大值处下降。比较最终的积分值:如果它大于 0,就表示用户消息是 +1;如果它小于 0,就表示用户消息是 −1。这里的积分相当于一个低通滤波器,它可以把噪声滤掉。

可以发现,这种方法的确恢复出来了用户信号。该方法既不同于频分复用也不同于时分复用,它是用不同的正交码来分割不同用户的信号,不同正交码对应于不同位置的用户,正交码也称为地址码。

实现 CDM 需要具备以下三个条件:

(1) 要有数量足够多、相关特性足够好的地址码。

(2) 必须用地址码对发射信号进行扩频调制,传输信号所占频带极大地展宽。

(3) 在接收端必须要有与发送端地址码完全一致的本地地址码。

4.7.2 码分多址原理

码分多址系统中,各地球站同时使用转发器的同一频带,每一信号都分配有一个地址码。码分多址利用正交码作为地址,对被用户基带信号进行扩频调制;在接收端以本地产生的地址码为参考,根据相关性的差异对接收到的所有信号进行鉴别,从中将地址码与本地地址码完全一致的宽带信号还原为窄带信号而选出。一般采用相干技术从所有信号中识别某一信号。

采用直接序列码分多址系统(CDMA/DS)是应用最多的一种 CDMA,数字卫星通信系统常采用 CDMA/DS 方案。

CDMA/DS 方案如图 4-57 所示,下面分析通信过程:

(1) 在发送端,基带信号 a 和正交码 b 模 2 加进行扩码调制得到复合码 c。注意,此处是基带信号是比特形式,因此扩频调制采用模 2 加。

(2) 复合码 c 通过 2PSK 中频调制,并经过上变频和放大得到射频信号 d,携带了位相信息的 d 经由天线辐射出去,在空间传输,到达接收端。

(3) 在接收端,接收机接收到微弱的 d 信号,经过低噪声放大和下变频变为中频信号。该中频信号只是频率搬移,其携带的位相信息不变。

(4) 利用地址码 b 的副本进行 2PSK 中频调制,调制过的中频信号 e 携带了本地地址码对应的位相信息。

(5) 乘法器和带通滤波器(BPF)构成混频器,由输入的 d 和 e 得到差频信号 f,f 为中频信号,其相位为 d 相位与 e 相位之差。

(6) f 信号经过 2PSK 解调得到 g 信号。

【例 4-3】 CDMA/DS 的通信过程如图 4-58 所示,请分析消息的传输过程。

解:这里,2PSK 是用信码改变载波的位相,当信码"1"时,2PSK 信号的位相与载波基准相位相差为 π;当信码是"0"时,2PSK 信号的位相与载波基准相位相同。

信息传输分为以下四个步骤:

(1) 计算 a 和 b 模 2 加,得到扩频调制结果 c。

(2) c 通过 2PSK 进行中频调制,然后上变频,上变频后的 d 信号位相为 $[0\ \pi\ \pi\ 0\ 0\ \pi$

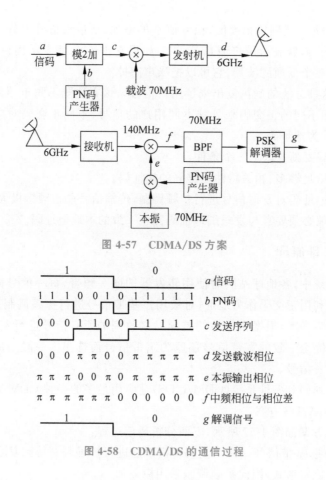

图 4-57　CDMA/DS 方案

图 4-58　CDMA/DS 的通信过程

$\pi\ \pi\ \pi\ \pi$]。

（3）正交码 b 通过 2PSK 中频调制得到的 e 信号位相为［$\pi\ 0\ 0\ \pi\ 0\ \pi\ \pi\ \pi\ \pi\ \pi$］，中频信号 f 的位相为［$\pi\ \pi\ \pi\ \pi\ 0\ 0\ 0\ 0\ 0\ 0$］。注意计算位相差时，会出现 $-\pi$，因为 $\cos\varphi$ 是偶函数，因此可视为 π。

（4）经过 2PSK 中频解调，得到 g［$1\ 1\ 1\ 1\ 0\ 0\ 0\ 0\ 0\ 0$］，也就是 $\{1,0\}$。

CDMA 方式的优点是具有较强的抗干扰能力和有一定的保密能力，改变地址比较灵活。CDMA 方式的缺点是要占用较宽的频带，频带利用率一般较低，要选择数量足够的可用地址码较为困难；接收时，对地址码的捕获与同步需有一定时间。CDMA 方式特别适用于军事卫星通信系统及小容量的系统。

4.8　仿真实验

4.8.1　基于载波调制的通信系统仿真

基于载波调制的通信系统模型如图 4-59 所示，载波信号为

$$c = A\,\mathrm{e}^{\mathrm{i}2\pi ft} \tag{4-7}$$

式中：f 为载波的频率，同相载波 $c_1 = A\cos(2\pi ft)$，正交载波 $c_2 = A\sin(2\pi ft)$。

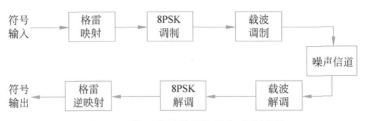

图 4-59 基于载波调制的通信系统模型

首先对输入八进制消息符号序列 msg 进行 8PSK 调制：
$$\mathrm{msg\_mod} = \mathrm{pskmod}(\mathrm{msg}, 8) \tag{4-8}$$

然后将 8PSK 信号和载波信号相乘,实现载波调制：
$$x = \mathrm{real}(\mathrm{msg\_mod} \times c) \tag{4-9}$$

载波调制信号在信道中传输,在接收端得到
$$y = x + n \tag{4-10}$$

然后进行载波解调：
$$r_1 = (c_1 \times y), \quad r_2 = (c_2 \times y), \quad r = r_1 + \mathrm{j}r_2 \tag{4-11}$$

最后进行 8PSK 解调：
$$y = \mathrm{pskdemod}(r, 8) \tag{4-12}$$

运行程序文件 test_4_8_1,我们看到,载波调制信号如图 4-60 所示,载波解调信号如图 4-61 所示,发送消息序列和接收消息序列如图 4-62 所示。

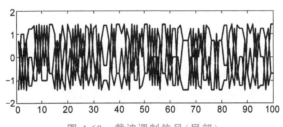

图 4-60 载波调制信号(局部)

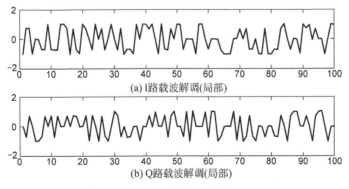

(a)I路载波解调(局部)

(b)Q路载波解调(局部)

图 4-61 载波解调信号

而不同 SNR 下的误码率如图 4-63 所示。

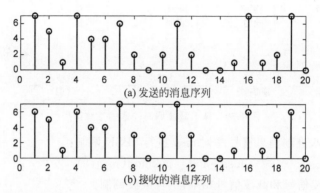

图 4-62　发送和接收消息序列

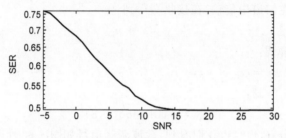

图 4-63　不同信号质量下的误码率

4.8.2　基于 CDM 的通信系统仿真

基于 CDM 的通信系统模型如图 4-64 所示,采用 MATLAB 的函数 hadamard(N)生成沃尔什-哈达玛序列作为正交码,用户信号被抽样并表示为双极性码。

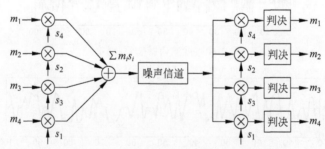

图 4-64　基于 CDM 的通信系统模型

运行程序文件 test_4_8_2,可以看到,在发送端,对于如图 4-65 所示的四路用户消息序列,与各正交码相乘实现扩频调制得到如图 4-66 所示的扩频信号;然后和信号在经历噪声信道中传输前后的波形如图 4-67 所示。

在接收端,利用各自对应的正交码与和信号相乘实现解扩,然后进行判决,恢复出如图 4-68 所示的各用户消息。

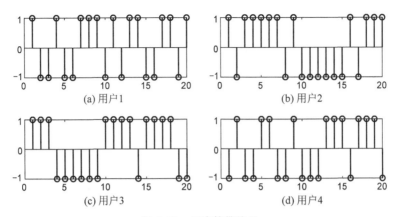

图 4-65　四路基带信号

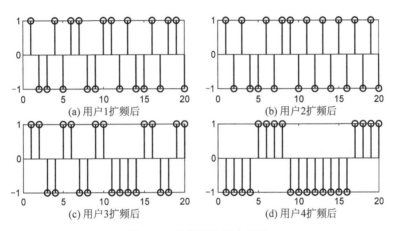

图 4-66　扩频后的用户信号

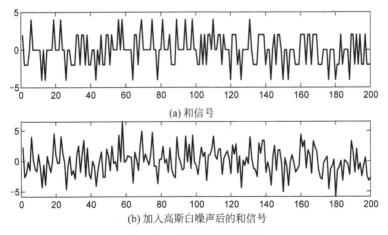

图 4-67　传输前后的和信号

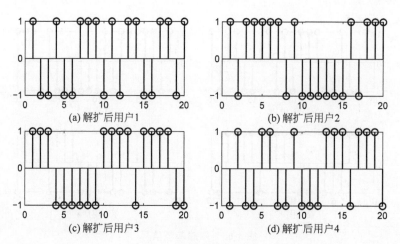

图 4-68　解扩后的用户信号

习题

1. 卫星通信系统由哪几部分组成？各部分具有什么功能？
2. 简述卫星通信地球站发射信号和接收信号的基本工作过程。
3. 选择卫星通信系统的工作频率有哪些约束条件，如何选择？
4. 常见的多址连接方式有哪些？它们分别是如何实现站址区分的？
5. 简述基于 CDMA 技术的卫星系统的工作过程。
6. 一个同步轨道卫星的通信系统，工作频率为 14GHz，接收机的灵敏度为 −140dBm，接收天线的增益为 30dB，地址站的发射天线的增益为 20dB，试求地址站的发射机的功率。

第 5 章　光纤通信系统

【要求】

①掌握光纤通信概念；②理解光纤通信系统组成；③了解光纤通信历史；④理解光纤通信特点；⑤理解光纤结构及其参数；⑥理解光纤的导光原理；⑦理解光纤衰减特性；⑧理解光纤色散特性；⑨理解半导体激光器及其特性；⑩了解光电探测技术；⑪理解掺铒光纤放大器原理；⑫了解波分复用技术；⑬了解光纤相干技术。

5.1 光纤通信概述

5.1.1 光纤通信的概念

光纤通信是以光波为载频、以光纤为传输媒介的通信方式。没有光通信，就没有今天的信息时代。我们每天使用的智能手机，就高度依赖光传输，正是它为大量 4G/5G 基站接收的海量流量提供传输管道。

如图 4-40 所示，不同通信系统，其载波的频谱范围不同。光纤通信系统处在较高的频谱区域，它的波长处于 $0.8 \sim 1.8 \mu m$ 近红外，频率为 $167 \sim 365 THz$，而微波频率为 $0.3 \sim 3 THz$，这决定了光纤通信是一个比微波通信、卫星通信的带宽更宽的通信系统。

目前，研究人员在 80km 的标准单模光纤上实现了高达 1.52Tb/s 的单载波速率。在工业界，最新的 10G PON 已可提供高达 10Gb/s 的上、下行对称速率，时延降至 $100 \mu s$以下，连接数提升 100 倍以上，可将"光纤到户"的模式转变为"光联万物"。

5.1.2 光纤通信系统组成

如图 5-1(a)所示，利用光纤收发模块把两台计算机连在一起，就实现了光纤通信。光纤收发模块中有光发信机和光收信机。典型的光纤通信系统由电端机、光发信机、光纤(有中继器)和光收信机等组成，如图 5-1(b)所示。

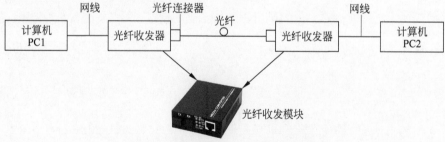

(a) 利用光纤收发器和光纤连接两台计算机

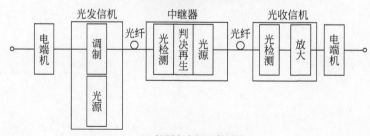

(b) 长距离光纤通信系统

图 5-1 光纤通信系统组成

1. 电端机

输入模拟信号经发端电端机的 PCM 进行抽样、量化和编码产生二进制电信号,即基带信号。

2. 光发信机

光发信机也称为光发射机,它实现电/光转换。它由光源、驱动器和调制器组成。其功能是首先将来自电端机产生的基带信号对光源发出的光进行通断调制,变成已调光波;然后将已调的光信号耦合到光纤去传输。其核心是光源,这个光源一般是激光器。

3. 光收信机

光收信机也称为光接收机,它实现光/电转换。它由光检测器和放大器组成。其功能是能将光纤传输来的光信号,经光检测器转变为电信号;然后将这微弱的电信号经放大电路放大到足够的电平,送到收端的电端机。其核心是光检测器。

4. 光纤

光纤构成光的传输通路,其功能是将光发射机发出的已调光信号,经过光纤的远距离传输后,耦合到光接收机的光检测器,完成信息的远距离传送任务。

5. 中继器

中继器由光检测器、光源和判决再生电路组成,它的作用补偿光信号在光纤中传输时受到的衰减,对波形失真的脉冲进行整形。

大容量长距离的光纤通信系统大多采用数字传输方式,光纤传输系统是数字通信的理想通道。

5.1.3 光纤通信历史

视频

1. 现代光通信的开端

贝尔在发明了电话 4 年后,发明了光电话,如图 5-2 所示,左边是发射端,右边是接收端,中间虚线是信道——大气信道。发射机采用弧光灯作为光源,首先通过透镜聚焦,将光能聚焦到话筒的振动膜;然后通过振动膜的反射和透镜聚焦向外发送光信号,光信号在大气中传输;接收端有一个抛物面镜,它会聚光的能量到硅电池,硅电池把光能转换为电能,从而在受话器这个电路中有电流产生,从受话器中恢复出声音消息。

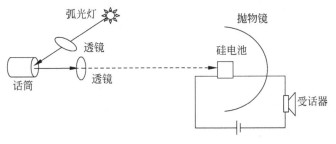

图 5-2 光电话

当不说话时,话筒不震动,硅电池的接收到光信号不变,电路中的电流强度也不变;

当对话筒说话时,振动膜震动,反射光的强度会发生变化,硅电池转化成的光电流也会发生变化,于是就可以听到声音。

在光电话中,光是传输声音消息的载波,振动膜反射光的方式实现了语音消息对光的调制,硅电池实现了解调。

贝尔的光电话是现代光通信的真正开端。但是贝尔的光电话只能传输213m。因为弧光灯是包含所有波长的白光,发散角比较大,在大气中传输损耗较大,而且非常容易受到天气因素的影响。因此,提高光通信的质量,首先要解决光通信的传输通道和光源两个问题,尤其传输通道的问题。

图5-3 光在水流中传播

1870年,亨廷尔发现光可在水流中传播(图5-3),并采用全光反射的原理对这种现象进行合理解释。

1953年,英国科学家卡帕尼发明了纤芯折射率大于包层折射率的玻璃纤维,但是损耗达1000dB/km,仅能在内窥镜中使用。

所以,在十几年时间光通信处于停滞阶段。

2. 里程碑

1966年,英国华裔科学家高锟指出,如果将光纤中过渡金属离子减少到最低限度并改进制造工艺,有可能使光纤损耗降到20dB/km以下;采用光纤可以实现高速通信,并给出了光纤的原始结构(图5-4)。他的研究为现代光纤通信奠定了理论基础。为此,他获得了2009年的诺贝尔物理学奖。

3. 导火索

1970年,美国康宁玻璃公司根据高锟的理论指导,制造出世界上第一根超低耗光纤,损耗因子达20dB/km。

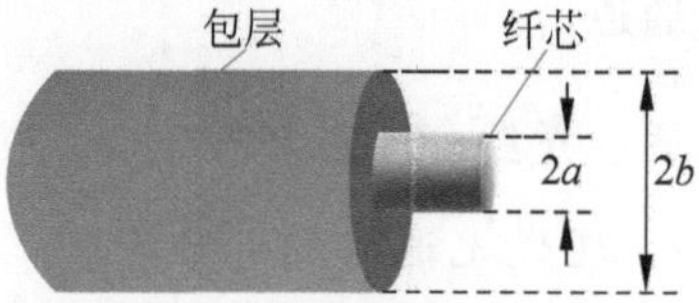

图5-4 光纤原始结构

注:纤芯的折射率大于包层,光在其中全反射

4. 爆炸性发展

从此以后,光纤技术迎来了爆发式的发展:1972年损耗降低到4dB/km;1974年损耗降低到1.1dB/km;1976年损耗降低到0.5dB/km;1979年损耗降低到0.2dB/km;1990年损耗降低到0.14dB/km。

这期间,美国成功进行了容量约为45Mb/s、传输距离为10km的光纤通信现场试验,是第一代光纤通信系统。

20世纪80年代初,随着单模光纤($1.31\mu m$)和量子阱激光器($1.31\mu m$)的研发,开发出来了第二代光纤通信系统,数据传输速率达1Gb/s,传输距离达50km。

1990年,随着单模长波长光纤($1.55\mu m$)和单模激光器($1.55\mu m$)的研发,开发出来了第三代光纤通信系统,数据传输速率达2.4Gb/s,传输距离达100km。

1996年,波分复用技术取得突破,贝尔实验室开发出来了第四代光纤通信系统,数据传输速率从单波长的10Gb/s增加到多波长的1Tb/s,传输距离达1500km。

进入21世纪,随着密集度波分复用和分布负反馈半导体激光器的研发,开发出来了第五代光纤通信系统,传输距离达 6380km。

5.1.4 光纤通信特点

1. 优点

(1) 传输频带宽,通信容量大。载波频率越高,通信容量越大。目前使用的光波频率比微波频率高 $10^4 \sim 10^5$ 倍,所以通信容量可增加 $10^4 \sim 10^5$ 倍。目前,实验室里实现的最高容量为 100Tb/s,商用系统容量为 10Tb/s。

视频

(2) 损耗低,中继距离远。铜缆的损耗特性与缆的结构尺寸及所传输信号的频率有关,光缆的损耗特性仅与玻璃的纯度有关,目前通信用光纤的最低损耗达 0.2dB/km。采用析氢技术进一步减小光纤中的 OH^- 离子含量后,光纤损耗系数可以在相当宽的频带内几乎保持一致。例如:对于 400Mb/s 传输速率的信号,光纤通信系统无中继传输距离达到 $50 \sim 70$km;而同样速率的同轴电缆通信系统,无中继距离仅为几千米。

(3) 抗干扰能力强,无串话。光纤主要是由 SiO_2 材料制成,是绝缘体,它不易受外界电磁场的干扰。强电、雷击等也不会显著影响光纤的传输性能;在核辐射等极端环境中,光纤通信仍能正常进行。

(4) 保密性强。由于光纤传输的特殊机理,在光纤中传输的光向外泄漏的能量很微弱,难以被截取或窃听,也不会造成同一光缆中各光纤之间的串扰。

(5) 光纤直径和质量小。光纤直径很小,制成光缆比电缆细而轻,这样在长途干线或市内干线上空间利用率高,而且便于制造多芯光缆与敷设。

(6) 资源丰富。由于光纤的原材料是石英,地球上是取之不尽、用之不竭的,而且很少的原材料就可以拉制很长的光纤。

2. 缺点

(1) 质地脆,机械强度低。光纤的理论抗拉强度比钢大,但光纤表面有微小裂痕,会使得光纤的实际抗拉强度非常低,因此裸光纤很容易折断。

(2) 光纤切断和接续需要特殊工具。要使光纤的连接损耗小,两根光纤的纤芯必须严格对准。由于纤芯很细,而且石英的熔点很高,因此连接很困难,需要昂贵的专门工具。

(3) 分路、耦合不灵活。光纤不如电缆易于分路和耦合,难于接入,需要专门的模块来实现低损耗的分路和高效率的耦合。

(4) 光纤弯曲半径不能过小。光纤的弯曲半径小于 20cm 时,会有较大的损耗。

5.2 光纤及其导光

在光纤通信技术的发展历史中,光纤技术最为关键。那么光纤具有什么样的结构?是怎么导光的?

5.2.1 光纤结构

光纤的结构如图 5-5 所示,包括纤芯、包层和保护套。

纤芯的折射率较高,它的作用是传导光波。包层折射率较低,与纤芯一起形成全反射条件,它的作用是将光波封闭在光纤中传播。为了达到这一目的,需保证纤芯材料的折射率 n_1 大于包层材料的折射率 n_2。

目前,通信应用的光纤主要是石英玻璃光纤(图 5-6),其纤芯由掺有折射率较大的杂质的石英材料做成,而包层则往往在石英中掺入折射率较小的杂质。保护套的强度大,能承受较大冲击,用于保护光纤。刚拉制出来的光纤就像普通玻璃丝一样脆弱。为了保护光纤,作为产品提供的光纤都在刚拉制后经过一个套塑的工序,在其外表涂覆上一层甚至几层塑料层。涂覆可以提高光纤的抗拉强度,同时改善其抗水性能。

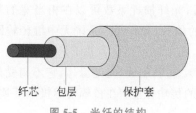

图 5-5　光纤的结构

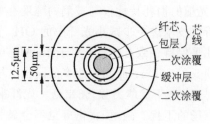

图 5-6　光纤各层结构

视频

5.2.2　光纤结构参数

1. 光纤尺寸

图 5-7 为光纤的典型尺寸。单模光纤的纤芯直径为 $10\mu m$。多模光纤的纤芯直径有的为 $50\mu m$,有的为 $62.5\mu m$。一般光纤的包层直径为 $125\mu m$,而一根头发丝的直径约为 $70\mu m$。

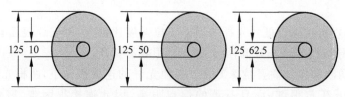

图 5-7　光纤的典型尺寸(单位:μm)

2. 相对折射率差

相对折射率差是表征纤芯和包层之间折射率差值的一个参数,其大小直接影响光纤的性能。其表达式为

$$\Delta = \frac{n_1^2 - n_2^2}{2n_1^2} \qquad (5\text{-}1)$$

通常情况下,纤芯和包层相对折射率差很小,Δ 取值为 $0.001 \sim 0.01$,$\Delta \ll 1$ 的情况称为弱波导。

对于弱波导光纤,$n_1 \approx n_2$,则有

$$\Delta = \frac{(n_1 + n_2)(n_1 - n_2)}{2n_1^2} \approx \frac{2n_1(n_1 - n_2)}{2n_1^2} \qquad (5\text{-}2)$$

3. 折射率分布

阶跃光纤纤芯折射率为常数，折射率分布如图 5-8（a）、（b）所示。对于渐变光纤，纤芯、径向折射率呈渐变型分布，如图 5-8(c)所示。

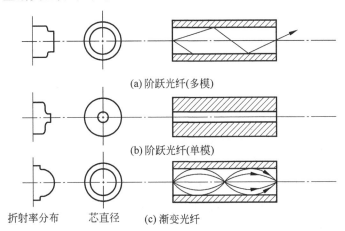

(a) 阶跃光纤(多模)

(b) 阶跃光纤(单模)

折射率分布　　芯直径　　(c) 渐变光纤

图 5-8　光纤折射率分布

渐变型光纤折射率分布可表示为

$$n(r) = n_1 \left[1 - 2\Delta \left(\frac{r}{a_0} \right)^{\alpha} \right]^{1/2} \tag{5-3}$$

式中：r 为纤芯内任意一点到芯轴的距离；n_1 为纤芯轴线处($r=0$)折射率；a_0 为纤芯半径；α 为折射率分布指数，通常分布曲线为抛物线，此时 $\alpha = 2$。

5.2.3　光纤的导光原理

1. 光波在两介质交界面的反射和折射

如图 5-9 所示，有两个半无限大的均匀介质，其折射率分别为 n_1、n_2，$x=0$ 的平面为两介质的交界面，x 轴为界面的法线。

光射线 k_1 方向由介质Ⅰ投射到界面上，这时将发生反射和折射，一部分光波沿方向 k_1' 返回介质Ⅰ，称为反射波；另一部分光波沿方向 k_2 进入到介质Ⅱ，称为折射波。

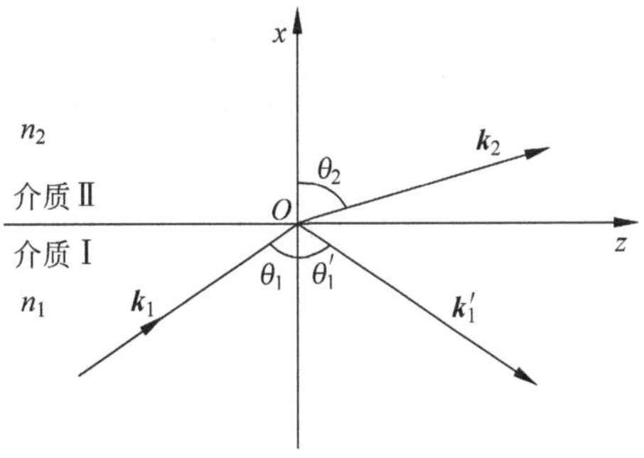

图 5-9 中 k_1、k_1'、k_2 分别表示入射线、反射线和折射线的传输方向，它们和法线之间的夹角分别为入射角、反射角和折射角，用 θ_1、θ_1' 和 θ_2 表示。

图 5-9　光波在两介质交界面的反射和折射

由斯涅尔定律可知

$$\theta_1 = \theta_1', \quad n_1 \sin\theta_1 = n_2 \sin\theta_2$$

2. 光波的全反射

由图 5-9 可以看出,当光射线由介质 I 射向介质 II 时,若 $n_1 > n_2$,则介质 II 中的折射线将离开法线而折射,此时的 $\theta_2 > \theta_1$。如果入射角增加到某一值而正好使得 $\theta_2 = 90°$ 时,折射线将沿界面传输,此时的入射角称为临界角,用 θ_c 表示。根据折射定律:

$$n_1 \sin\theta_1 = n_2 \sin\theta_2 \tag{5-4}$$

将 $\theta_2 = 90°$,$\theta_1 = \theta_c$,代入式(5-4),可得

$$\sin\theta_c = \frac{n_2}{n_1} \tag{5-5}$$

这时若继续增大入射角,即 $\theta_1 > \theta_c$,则折射角 $\theta_2 > 90°$,此时光射线不再进入介质 II,而由界面全部反射回介质 I,这种现象称为全反射。

由此可见,产生全反射的条件如下:

(1)光纤纤芯的折射率 n_1 一定要大于光纤包层的折射率 n_2,即 $n_1 > n_2$。

(2)进入光纤的光线向纤芯-包层界面射入时,入射角应大于临界角,即 $90° > \theta_1 > \theta_c$。

3. 光纤的导光原理

这里以阶跃型光纤为例来介绍光纤的导光情况。当光波射入光纤的纤芯时,一般会出现两种情况:一种是光线在通过轴心的平面内传播,这种光线称为子午线;另一种是光线在光纤中传播时不通过轴心。为了简化分析,下面仅对子午线光线传播过程进行讨论。

由前面分析可知,要使光信号能够在光纤中长距离传输,必须使光线在纤芯和包层交界面上形成全反射,即入射角必须大于临界角。

图 5-10 表示出光线从空气中以入射角射入光纤端面的情况(空气折射率 $n_0 = 1$,而纤芯石英折射率 $n_1 = 1.5$)。此时,光从低折射率介质向高折射率介质传播,根据折射定律,入射角大于折射角。

图 5-10(a)是一种特殊的情况,即进入光纤纤芯中的光射入纤芯与包层界面的入射角等于临界角。由图可知,折射角可以表示为

$$\theta_i = \frac{\pi}{2} - \theta_c$$

根据折射定律可得

$$n_0 \sin\theta = n_1 \sin\left(\frac{\pi}{2} - \theta_c\right) \tag{5-6}$$

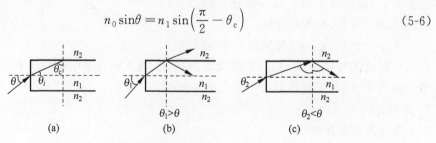

图 5-10 光纤的最大入射角

因为 $n_0 = 1$，对式(5-6)进行简单的代数变换，可得

$$\sin\theta = \sqrt{n_1^2 - n_2^2} \approx n_1\sqrt{2\Delta} \tag{5-7}$$

当光从空气中射入光纤端面的入射角大于 θ 时，折射光线射向纤芯与包层界面的入射角应小于临界角，不能满足全反射条件，这种光将很快在光纤中衰减，不能远距离传输，如图 5-10(b)所示。

当光从空气中射入光纤端面的入射角小于 θ 时，折射光线射向纤芯与包层界面的入射角应大于临界角，满足全反射条件，这种光就能以全反射的形式在光纤中进行远距离传输，如图 5-10(c)所示。

由此可见，只有端面入射角小于 θ 的光线才在光纤中以全反射的形式向前传播。θ 称为光纤波导的孔径角。

孔径角通常用 $\theta_{\max}$ 表示，如图 5-11 所示，将其正弦函数定义为光纤的数值孔径，用 NA 表示，即

$$NA = \sin\theta_{\max} = n_1\sqrt{2\Delta} \tag{5-8}$$

光纤的数值孔径表示光纤接收入射光的能力。NA 越大，光纤接收光的能力也越强。NA 越大，纤芯对光能量的束缚越强，光纤抗弯曲性能越好。但 NA 越大，经光纤传输后产生的信号畸变越大，因而限制信息传输容量。所以要根据实际使用场合选择

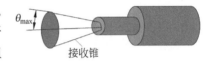

图 5-11 光纤接收锥

适当的 NA。作为通信使用的多模光纤波导的 Δ 通常约为 1%，若 $n_1 = 1.5$，则 NA = 0.2。

以上分析的是光波在阶跃型光纤中的传播情况。对于渐变型光纤，可以将纤芯分割成无数个同心圆，每两个圆之间的折射率可以看成是均匀的，那么光在这种介质中传播时将会不断发生折射，形成弧线波形的轨迹。

4. 光纤的模式

电磁波在介质中传输满足麦克斯韦方程组，通过数学推导，麦克斯韦方程组转换为正弦交变电磁场的亥姆霍兹方程：

$$\Delta^2 \boldsymbol{E} + k^2 \boldsymbol{E} = 0 \tag{5-9}$$

$$\Delta^2 \boldsymbol{H} + k^2 \boldsymbol{H} = 0 \tag{5-10}$$

$$k = \omega\sqrt{\varepsilon\mu} = \frac{\omega}{\nu} = \frac{n\omega}{c} = \frac{2\pi}{\lambda} \tag{5-11}$$

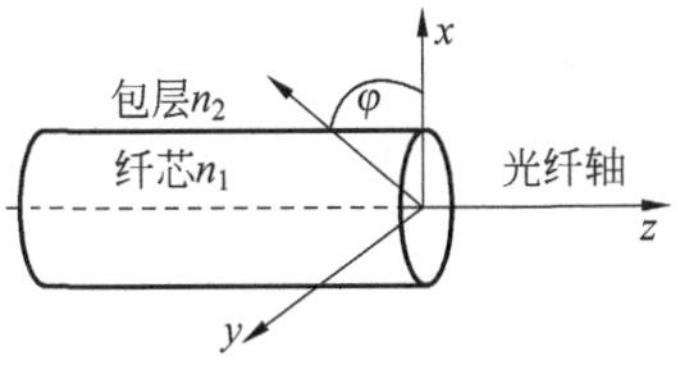

图 5-12 圆柱坐标系

在圆柱坐标系(图 5-12)下分析光纤电磁场传播，光纤波导中的能量沿着 z 方向传播，其中场随时间的变化为 $\exp(j\omega t)$，则电磁场表示为

$$\boldsymbol{E} = E_0(r,\varphi)e^{j(\omega t - \beta z)} \tag{5-12}$$

式中：β 为传播常数。

$$\boldsymbol{H} = H_0(r,\varphi)e^{j(\omega t - \beta z)} \tag{5-13}$$

于是,得到电磁场的 z 分量的亥姆霍兹方程:

$$\frac{\partial^2 E_z}{\partial r^2} + \frac{1}{r}\frac{\partial E_z}{\partial r} + \frac{1}{r^2}\frac{\partial^2 E_z}{\partial \varphi^2} + (n^2 k_0^2 - \beta^2 E_z) = 0 \tag{5-14}$$

$$\frac{\partial^2 H_z}{\partial r^2} + \frac{1}{r}\frac{\partial H_z}{\partial r} + \frac{1}{r^2}\frac{\partial^2 H_z}{\partial \varphi^2} + (n^2 k_0^2 - \beta^2 H_z) = 0 \tag{5-15}$$

这是阶跃光纤中的波动方程。假设光纤中位置 z 的电场有如下形式的解:

$$E_z(r,\varphi) = A_0 E(r) E(\varphi) \tag{5-16}$$

$$E(\varphi) = e^{jm\varphi} \tag{5-17}$$

$$E_z(r,\varphi) = A_0 E(r) e^{jm\varphi} \tag{5-18}$$

E_z 满足的波动方程:

$$\frac{\partial^2 E_z}{\partial r^2} + \frac{1}{r}\frac{\partial E_z}{\partial r} + \left(n^2 k_0^2 - \beta^2 - \frac{m^2}{r^2}\right) E_z = 0 \tag{5-19}$$

引入无量纲参数 u、w 和 ν_a。u 为横向传输常数:

$$u^2 = a_0^2 (n_1^2 k_0^2 - \beta^2) \tag{5-20}$$

w 为横向衰减常数:

$$w^2 = a_0^2 (\beta^2 - n_2^2 k_0^2) \tag{5-21}$$

ν_a 为光纤归一化频率,是光纤的重要参数:

$$\nu_a^2 = u^2 + w^2 = a_0^2 k_0^2 (n_1^2 - n_2^2) \tag{5-22}$$

u 和 w 决定纤芯和包层横向、r 方向电磁场的分布;β 决定 z 方向电磁场分布和传输性质,是纵向传输常数。利用这三个无量纲参数,可得到两个贝塞尔方程:

$$\frac{\partial^2 E_z}{\partial r^2} + \frac{1}{r}\frac{\partial E_z}{\partial r} + \left(\frac{u^2}{a_0^2} - \frac{m^2}{r^2}\right) E_z = 0, \quad 0 \leqslant r \leqslant a_0 \tag{5-23}$$

$$\frac{\partial^2 E_z}{\partial r^2} + \frac{1}{r}\frac{\partial E_z}{\partial r} + \left(\frac{w^2}{a_0^2} + \frac{m^2}{r^2}\right) E_z = 0, \quad r > a_0 \tag{5-24}$$

纤芯中的场强分布为贝塞尔函数,包层中的场强分布为修正贝塞尔函数。纤芯的电场和磁场分别为

$$E_{z1} = A \frac{J_m(ur/a_0)}{J_m(u)} \tag{5-25}$$

$$H_{z1} = B \frac{J_m(ur/a_0)}{J_m(u)} \tag{5-26}$$

光能量主要在纤芯中传输,在 $r=0$ 时,电磁场为有限实数,在包层中,光能量沿径向 r 迅速衰减,当 r 趋于无穷时,电磁场消失为零。m 为 0、1、2 阶贝塞尔函数如图 5-13 所示。

电磁场强度的切向分量在纤芯包层交界面连续,利用此边界条件,导出 β 满足的特征方程如下:

$$\left[\frac{J'_m(u)}{uJ_m(u)}+\frac{K'_m(w)}{wK_m(w)}\right]\left[\frac{n_1^2J'_m(u)}{uJ_m(w)}+\frac{n_2^2K'_m(w)}{wK(w)}\right]=\frac{\beta^2m^2}{k_0^2}\left(\frac{1}{u^2}+\frac{1}{w^2}\right)\qquad(5\text{-}27)$$

仔细观察特征方程,发现其中 u 与 w 通过其定义式与 β 相联系;m 是确定贝塞尔函数的参变量,m 取不同的值,表示光纤不同的模式。

对于确定的光源和光纤,n_1、n_2、a 和 λ 给定时,该方程是关于 β 的一个超越方程。对于确定的参数,可求出 u、w 和 ν_a 的值,进一步可求出 β 的值。光纤结构参数给定的情况下,光纤中电磁场模式的分布是固定的。

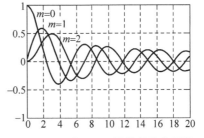

图 5-13　m 为 0、1、2 阶的贝塞尔函数

如图 5-14 所示,每一条曲线都相应于一个导模。每一条曲线表示一个传输模式的 β 随 ν_a 的变化,平行于纵轴的竖线与色散曲线的交点数就是光纤中允许存在的导模数,由交点纵坐标可求出相应导模的传播常数 β。

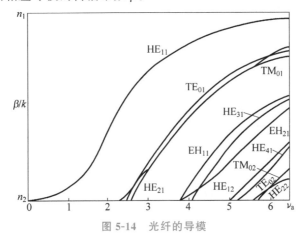

图 5-14　光纤的导模

横坐标 ν_a 称为归一化频率:

$$\nu_a=\frac{2\pi a_0}{\lambda}\sqrt{n_1^2-n_2^2}\qquad(5\text{-}28)$$

式中:λ 为光波波长。

归一化频率 ν_a,表征光纤中所能传输的模式数目多少的一个特征参数。波动方程具有许多特征解,这些特征解可进行排序,每个特征解称为一个模式,即一种电磁场的分布形式。

5.3　光纤的衰减特性

5.3.1　损耗的定义

如图 5-15 所示,光信号在光纤中传输时,信号功率会衰减,传输距离越远,衰减越严重,这就是光纤的损耗。

视频

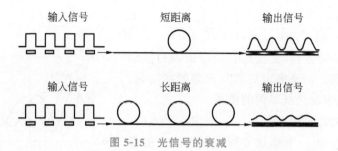

图 5-15　光信号的衰减

5.3.2　损耗系数

光纤内传输的光信号功率 P 随传输距离 z 的变化可表示为

$$\frac{\mathrm{d}P}{\mathrm{d}z} = -\alpha P \tag{5-29}$$

式中：α 为损耗系数。

如图 5-16 所示，已知光纤长度 $L(\mathrm{km})$，输入光功率 P_i，输出光功率 P_o，那么由式（5-29）可得以下解：

$$P_\mathrm{o} = P_\mathrm{i}\exp(-\alpha L) \tag{5-30}$$

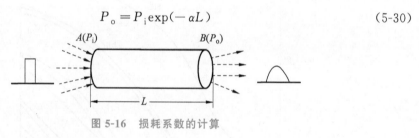

图 5-16　损耗系数的计算

式（5-30）两边同时取对数，可得

$$\alpha = \frac{10}{L}\log\frac{P_\mathrm{i}}{P_\mathrm{o}}(\mathrm{dB/km}) \tag{5-31}$$

这就是以前采用该方法来定义的微波信号的损耗系数的原因。

5.3.3　损耗机理

即使是理想的光纤也存在损耗，这种损耗称为本征损耗。产生光纤损耗的原因主要有光纤材料的吸收、散射性能以及光纤结构不完善（如弯曲、微弯等），如图 5-17 所示。下面主要分析吸收损耗和散射损耗。

5.3.4　吸收损耗

吸收损耗是光波通过光纤材料时有一部分光能变成热能，造成光功率的损失。引起吸收损耗的主要原因有两个：一是材料固有因素引起的本征吸收；二是因材料不纯引起的杂质吸收。

1. 本征吸收

本征吸收由制造光纤材料本身（如 $\mathrm{SiO_2}$）的特性所决定，即便波导结构非常完美而且

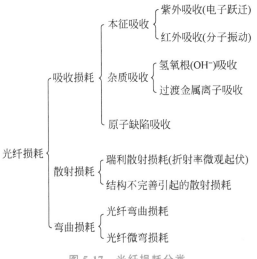

图 5-17 光纤损耗分类

材料不含任何杂质,也存在本征吸收。对于石英系光纤,本征吸收有两个吸收带,分别为紫外吸收带和红外吸收带,如图 5-18 所示。

紫外吸收是光纤材料电子吸收入射光能量跃迁到高能级,同时引起入射光的能量损耗。石英玻璃中电子跃迁产生的吸收峰在紫外区的 $0.1\sim0.2~\mu m$ 波长附近,它影响的区域很宽,其吸收带的尾部可拖到 $1\mu m$ 以上的波长。

红外吸收是光波与光纤晶格相互作用,一部分光波能量传给晶格,使其振动加剧从而引起的损耗,在 $2~\mu m$ 以上波长段有几个振动吸收峰。

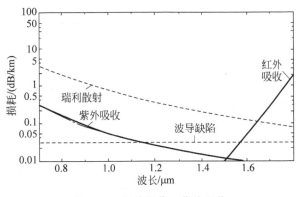

图 5-18 红外吸收和紫外吸收

2. 杂质吸收

杂质吸收是由于光纤制造过程引入的有害杂质带来的较强的非本征吸收。光纤内的金属杂质(如 Fe、Cu、V、Mn 等)、OH^- 离子是造成杂质吸收的主要原因。随着技术水平的提高,已使这些金属杂质的含量低于 $1\mu g/kg$ 以下,基本解决了金属离子的吸收问题。OH^- 离子的吸收峰在 $0.95\mu m$、$1.24\mu m$ 和 $1.38\mu m$ 附近,如图 5-19 所示,对长波长光纤的能量损耗最大。当 OH^- 离子的含量降到 $1\mu g/L$ 时,则在 $1.38\mu m$ 处的吸收峰为

0.04 dB/km，其尾部影响就更小了。

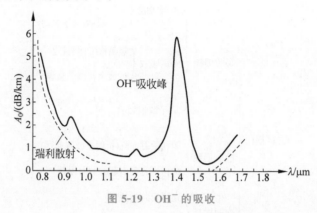

图 5-19　OH⁻ 的吸收

5.3.5　散射损耗

散射是指光通过密度或折射率等不均匀的物质时，除了在光的传播方向以外，在其他方向也可以看到光。一玻璃杯清水，在侧面用手电筒照射，光会透过水杯。一杯有掺杂的浊水情况就不同了，在用手电筒照射时，浊水中将出现亮点，光也不能透射到水杯的另一侧，原因是光受到浊水中悬浮粒子的散射，光将发生严重衰减。

光纤的密度和折射率等不均匀，结构上的不完善，使光纤中传播的光发生散射，由此产生的损耗称为散射损耗，如图 5-20 所示。

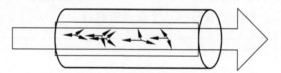

图 5-20　光纤中的散射示意图

波导在小于光波长尺度上的不均匀，比如分子密度分布的不均匀，掺杂分子导致的折射率不均匀，导致波导对入射光产生本征散射，称为瑞利散射。瑞利散射的大小与波长的四次方成反比，光波长越短，瑞利散射损耗就越严重，如图 5-21 所示。在短波长 $0.85\mu m$ 处，瑞利散射损耗的影响最大。

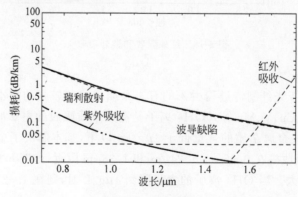

图 5-21　瑞利散射

本征散射和本征吸收一起构成损耗的理论最小值。

5.3.6 光纤的损耗谱

不同损耗之和称为光纤的总损耗。光纤总损耗 α 与波长 λ 的关系可以表示为

$$\alpha = A/\lambda^4 + B + CW(\lambda) + IR(\lambda) + UV(\lambda) \tag{5-32}$$

式中：A 为瑞利散射系数；B 为结构缺陷散射产生的损耗；$CW(\lambda)$、$IR(\lambda)$ 和 $UV(\lambda)$ 分别为杂质吸收、红外吸收和紫外吸收产生的损耗。总损耗随波长的变化而变化称为光纤的损耗谱。

图 5-22(a) 为多模阶跃型光纤(SIF)、渐变型光纤(GIF)到单模光纤(SMF)的损耗谱，它们的损耗依次减小；图 5-22(b) 为优质单模光纤的损耗谱，在通信波长范围内，它具有更小的损耗系数。

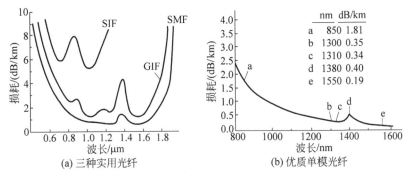

图 5-22 光纤损耗谱

由此可见，损耗特性与光的工作波长有关，存在三个相对较小的损耗区间称为光纤的工作窗口：第一传输窗口在 $0.85\mu m$ 附近，损耗稍大；第二传输窗口在 $1.31\mu m$ 附近，损耗中等；第三传输窗口在 $1.55\mu m$ 附近，损耗最小，如图 5-23 所示。

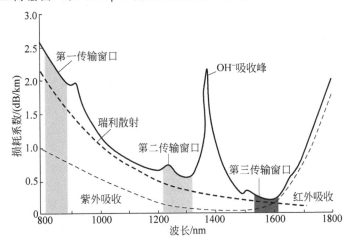

图 5-23 光纤的传输窗口

因此，光子技术使光纤通信从 SIF、GIF 发展到 SMF，从短波长"窗口"发展到长波长

视频

"窗口",使通信系统性能不断提高。

5.4 光纤色散特性

5.4.1 色散的定义

光纤的色散是导致传输信号的波形畸变的一种物理现象。光脉冲在光纤中传播时,由于光脉冲信号存在不同频率成分或不同模式,在光纤中传播的途径不同,达到终点的时间也就不同,产生了时延差,互相叠加起来,使信号波形畸变,表现为脉冲展宽。

光纤色散限制了带宽,而带宽又直接影响通信容量和传输速率,因此光纤色散特性也是光纤的另一个重要性能指标。

光纤色散主要有模间色散、材料色散和波导色散。

5.4.2 模间色散

不同入射角的光线具有不同的模式,阶跃型光纤中不同光线的传播速度相同,这将使不同路程的光线达到输出端的时间不同,产生脉冲展宽,形成模间色散。

有一条沿纤芯轴线的最短路径,对应于基模;其他路径是折线传播,对应于高阶模。模间色散是指在同一波长的光信号,其不同模式的传播路径长度不同,传播时间不同,因而产生色散。模间色散决定于最大时间差 τ_M。

在纤芯与包层界面上,当入射角大于全反射临界角 θ_c 时,才发生全反射。光纤中只有大于光纤的全反射临界角范围内的模式光线,才能在光纤内传播。如图 5-24 所示,光线 1 是平行光纤轴直线传播的基模;光线 2 对应全反射截止角,是折线传播的最长路径,对应于最高阶模。

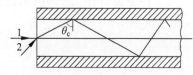

图 5-24 模间色散解释原理图

光在光纤中的传播速度 $v = c/n_1$,其中 n_1 为纤芯折射率,c 为真空中的光速。光线 1 经过长度为 L 的光纤到达终端的时间为

$$t_1 = \frac{L}{c/n_1} \tag{5-33}$$

光线 2 是折线,处于一个直角三角形的斜边,长度为 $L/\sin\theta_c$,那么经过长度为 L 的光纤到达终端的时间为

$$t_2 = \frac{L/\sin\theta_c}{c/n_1} \tag{5-34}$$

故可求得光线 2 和光线 1 通过长度为 L 的光纤后的最大时间差为

$$\tau_M = t_2 - t_1 = \frac{L/\sin\theta_c}{c/n_1} - \frac{L}{c/n_1} = \frac{n_1\Delta}{c}L \tag{5-35}$$

对于 $\Delta = 1\%$,$n_1 = 1.5$,$L = 1\text{km}$ 的石英光纤,光纤的模间色散 $\tau_M = 50\text{ns}$。可见,阶跃型光纤的模间色散是很严重的。

5.4.3　材料色散

频谱宽度用于表示光源的单色性。图 5-25 是三种光源的光谱图,典型发光管(LED)的谱线宽度 $\Delta\lambda \approx 50\mathrm{nm}$,多模激光器(LD)的谱线宽度 $\Delta\lambda \approx 5\mathrm{nm}$,单模激光器的谱线宽度 $\Delta\lambda < 0.02\mathrm{nm}$。

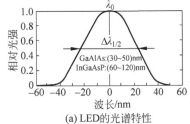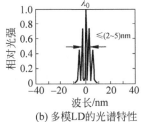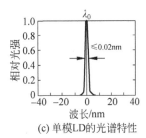

(a) LED的光谱特性　　　(b) 多模LD的光谱特性　　　(c) 单模LD的光谱特性

图 5-25　典型的光源光谱图

由此可见,单色性最好的激光都不是单一波长,总是占据一定的频谱宽度。光纤材料的折射率随波长而非线性变化。图 5-26 为掺 GeO_2 的光纤折射率与波长关系。由图可见,波长增加,折射率减少,而 $n = c/v$,因此光的传输速度 v 随波长的增加而变大。即使是同一模式,如果波长不同,光波传播速度不同,产生脉冲展宽,引起材料色散。

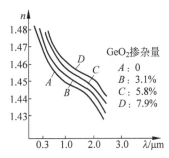

图 5-26　掺 GeO_2 的光纤折射率与波长关系

材料色散引起的脉冲展宽可用表示为

$$\tau_M = D_m L (\Delta\lambda) \tag{5-36}$$

式中:L 为光纤长度;$\Delta\lambda$ 为光源半幅值谱线宽度;D_m 为光纤材料色散系数。

5.4.4　波导色散

光纤的纤芯与包层的折射率差很小,在交界面产生反射时,可能有一部分光进入包层之内。进入包层内的这部分的光强大小与光波长有关,入射光的波长越长,进入包层中的光强比例就越大,如图 5-27 所示。

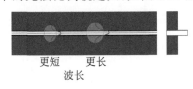

更短　　更长
波长

图 5-27　波导色散

这部分光在包层内传输一定距离后,又可能回到纤芯中继续传输。由于纤芯的折射率大于包层的折射率,光在纤芯中传播的速度小,更慢到达接收端,在包层中传播光的速度快,更快到达接收端,由此引起色散现象。这种色散是光纤特有的波导结构引起的,因此称为波导色散。

波导色散引起的脉冲展宽可表示为

$$\tau_W = D_W L (\Delta\lambda) \tag{5-37}$$

式中：D_W 为光纤波导色散系数。

5.4.5 三种色散的比较

一般来说,光纤三种色散的大小顺序是模间色散＞材料色散＞波导色散。

上述三种色散的总色散可表示为

$$\tau = \sqrt{\tau_M^2 + \tau_m^2 + \tau_W^2} \tag{5-38}$$

对于多模光纤,模间色散和材料色散是主要的,其总色散为

$$\tau = \sqrt{\tau_M^2 + \tau_m^2} \tag{5-39}$$

对于单模光纤,只传单一基模,只有材料色散和波导色散,总色散为

$$\tau = \sqrt{\tau_W^2 + \tau_m^2} \tag{5-40}$$

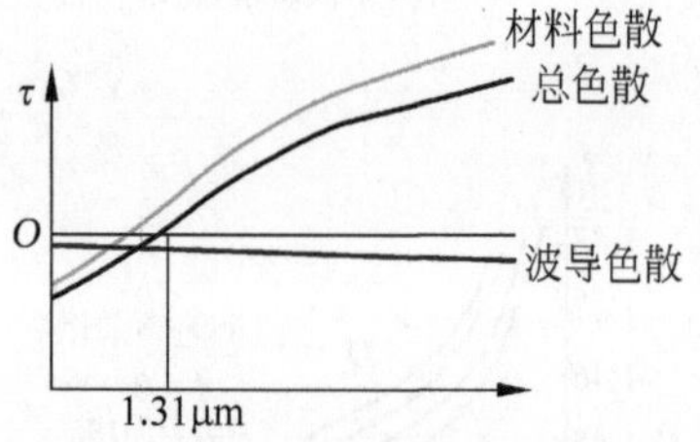

材料色散和波导色散都因光源不是单一频率引起的,所以光源的谱线宽度对单模光纤的影响很大。

单模光纤色散随波长的变化如图 5-28 所示。对于 SiO_2 单模光纤,在 $1.31\mu m$ 波长附近,材料色散和波导色散的大小相等、符号相反,两者正好抵消,使单模光纤的总的色散为零,该波长就成为普通单模光纤的零色散波长。

图 5-28 单模光纤色散随波长的变化

5.4.6 光纤的带宽

通常把调制信号经过光纤传输后,光功率下降一半时的频率 f_c 定义为光纤的带宽 B。

如图 5-29 所示,假定输入光脉冲为高斯型,那么输出光脉冲因色散而展宽后仍为高斯型,图中 τ 为高斯型脉冲波的半高全宽,即 $g(t)/g(0) = 1/2$ 时的全宽,即光功率降低一半时的色散。

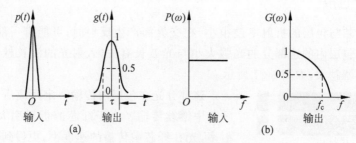

图 5-29 光纤带宽频域响应(f 为信号的频率)

经过高斯型函数傅里叶变换,可得光纤带宽为

$$B = f_c = \frac{0.44}{\tau} \tag{5-41}$$

采用式(5-41)可估计光纤的带宽。

【例 5-1】 设已知单模光纤色散系数为 $6ps/(nm \cdot km)$,而光源谱线宽为 $3nm$,求光

纤带宽。

解：$\iota=6\times3\times10^{-12}=18\times10^{-12}(\text{s/km})$

$$B=f_c=\frac{0.44}{18\times10^{-12}}(\text{Hz}\cdot\text{km})=24.44(\text{GHz}\cdot\text{km})$$

5.4.7 光纤的非线性特性

光纤的非线性可以分为受激散射效应和折射率扰动。受激散射效应是光通过光纤介质时，有一部分能量偏离预定的传播方向，且光波的频率发生改变。受激散射效应有受激布里渊散射(SBS)和受激拉曼散射(SRS)两种形式。它们都可以理解为一个高能量的光子被散射成一个低能量的光子，同时产生一个能量为两个光子能量差的另一个量子。SBS 和 SRS 都使得入射光能量降低，在光纤中形成一种损耗机制。在较低光功率下，这些散射可以忽略；当入射光功率超过一定阈值后，受激散射效应随入射光功率呈指数增加。

在入射光功率较低情况下，认为石英光纤的折射率和光功率无关；但是，在较高光功率下应考虑光强度引起的光纤折射率的变化，它们的关系为

$$n=n_0+n_2P/A_{\text{eff}} \tag{5-42}$$

式中：n_0 为线性折射率；n_2 为非线性折射率；P 为入射光功率；A_{eff} 为光纤有效面积。

折射率扰动主要引起自相位调制(SPM)、交叉相位调制(XPM)、四波混频(FWM)和光孤子形成四种非线性效应。

SPM 是指光在光纤中传输时光信号强度随时间的变化对自身相位的作用，它导致光脉冲频谱展宽，引起光脉冲的频率啁啾。由 SPM 引起的啁啾通过群速度色散来影响脉冲形状并常常导致脉冲展宽。

XPM 是任一波长信号的相位受其他波长信号强度起伏的调制，会使信号脉冲谱展宽。在采用波分复用(WDM)技术的系统中，光纤同时传输多个信道时会产生 XPM 现象。

FWM 是源于折射率的光致调制的参量过程。一个或几个光波的光子被湮灭，同时产生几个不同频率的新光子。FWM 大致分为两种情况：一种情况是三个光子合成一个光子，新光子的频率为 $W_4=W_1+W_2+W_3$；另一种情况为 $W_1+W_2=W_3+W_4$。如果 FWM 产生的新的频率成分落到 WDM 信道，则会引起复用信道间的串扰。

光孤子形成来源于非线性折射率和色散间的相互作用，当光纤中的非线性效应和色散相互平衡时，可以形成光孤子。光孤子脉冲可以在长距离传输过程中保持形状和脉宽不变。

5.5 半导体激光器和光发射机

视频

5.5.1 半导体激光原理

1. 光的自发发射和受激吸收

电子从高能态自发地跃迁到低能态，同时发射出光的现象，称为自发发射(图 5-30)。

光的自发发射完全由原子系统决定。

处于低能级 E_1 的原子受到外来光子的激励下,在满足能量恰好等于低、高两能级之差 ΔE 时,该原子就吸收这部分能量,跃迁到高能级 E_2(图 5-31),称为受激吸收。

2. 光的受激发射

电子从高能态受到光的激发而跃迁到低能态,同时发射与激发光的传播方向、相位和偏振方向相同的光,称为受激吸收,如图 5-32 所示。其条件是入射光子的能量等于高低能态之差。光的受激发射由原子系统与入射光信号决定,与入射光同态,属于相干光,它可以实现光放大。

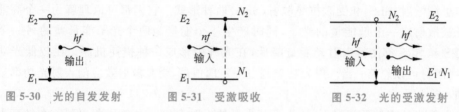

图 5-30 光的自发发射   图 5-31 受激吸收   图 5-32 光的受激发射

3. 半导体激光器

激光产生需要工作物质、泵浦源和谐振腔,那么怎么满足半导体激光器这三个条件?

1) 工作物质

工作物质就是 PN 结。当 P 型半导体和 N 型半导体有机地结合在一起时,由于扩散和漂移,会产生空间电荷区,就称为 PN 结。它是半导体激光器的工作物质,如图 5-33 所示,在空间电荷区形成扭折能级图,热平衡时 PN 结形成统一的费米能级 E_f,势垒 eV_0 阻止载流子进一步扩散,此时可以认为载流子处于基态。

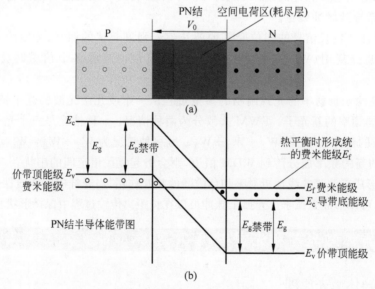

图 5-33 PN 结和扭折能级图

2) 泵浦源

对比图 5-34(a)和(b),可以观察到,在 PN 结上加上正向电压后,形成两个不同的费

米能级 E_f，势垒 eV_0 降低。N 型区的电子及 P 型区的空穴流向 PN 结区，这两个费米能级处于相对稳定的状态，载流子处于激光态，就是亚稳态。

当注入的电流增加到一定值后，导带的电子数目大于价带的空穴数目，这时有自发辐射，也有受激辐射，而受激发射占主导地位，此时的 PN 结区成为对光场有放大作用的区域，也称为有源区。

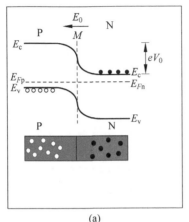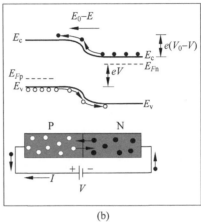

图 5-34　工作物质和泵浦源

半导体材料在通常状态下总是导带的电子数小于价带的空穴数，因此称导带的电子数大于价带的空穴数的状态为粒子数反转。在 PN 结持续加上的正向电压就是泵浦源，它使有源区持续产生足够多的粒子数反转，这就满足了产生激光的两个条件。

3）谐振腔

有源区里实现了粒子数反转，并保持相对稳定后，受激发射占据了主导地位；但是，激光器初始的光场来源于导带和价带的自发辐射，频谱较宽，方向也杂乱无章。为了产生单色性和方向性好的激光，必须使用谐振腔。如图 5-35 所示，基本的光学谐振腔由置于自由空间的两块平行的镜面 M_1 和 M_2 组成。光波在 M_1 和 M_2 间反射，导致这些波在空腔内相长和相消。类似于绳子产生驻波，如图 5-36 所示。

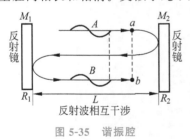

图 5-35　谐振腔

图 5-36　绳子产生驻波

从 M_2 反射的光向左传输时和从 M_1 反射的光向右传输的光干涉，在空腔内产生了一列稳定不变的电磁波，这也是驻波。

按照驻波条件，镜面上的电场必为零，所以谐振腔的长度是半波长的整数倍，表示为

$$m\left(\frac{\lambda}{2}\right)=L \tag{5-43}$$

式中：$m=1,2,3,\cdots$，此处的 m 的某个取值对应一个纵模。

由此可见，半导体激光器满足产生激光的三个条件，因此就产生了激光，如图 5-37 所示。

图 5-37　LD 产生激光

5.5.2　LD 的特性

1. P-I 特性

对 GaAs 激光器的测试表明，当驱动电流低于 10mA 时输出的激光光谱较宽，而驱动电流高于 10mA 时输出的激光光谱较窄。因此，LD 激光器具有明显的阈值特性。

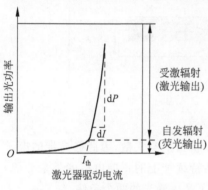

图 5-38　LD 激光器 P-I 特性

P-I 特性揭示了 LD 输出光功率与注入电流之间变化规律。如图 5-38 所示，从 P-I 特性曲线中明显看到，当注入电流超过阈值后，随着注入电流强度增加，输出光功率线性增加。这是 LD 非常重要的特性，是调制技术的理论基础。

2. 输出的光谱特性

短波长 GaAlAs 激光器的光谱特性如图 5-39 所示，它只有一根谱线，称为单纵模；而有些激光器的谱线如图 5-40 所示，它具有几根谱线，称为多纵模。以前分析过光纤色散问题，为了减少材料色散和波导色散，最好选择谱宽较小的单纵模激光器。

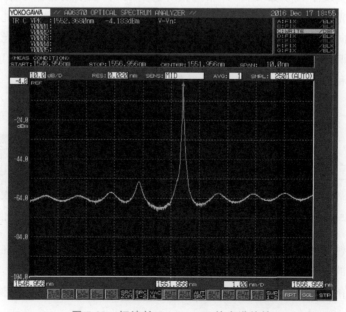

图 5-39　短波长 GaAlAs LD 的光谱特性

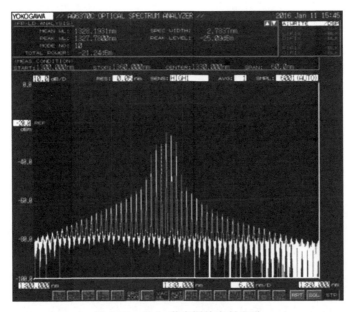

图 5-40　GsAs 激光器的发射光谱

3. LD 的温度特性

LD 温度特性如图 5-41 所示。半导体激光器阈值电流随温度增加而加大,尤其是长波长波段的 InGaAsP 激光器。因此,半导体激光器工作时需要进行温度控制。

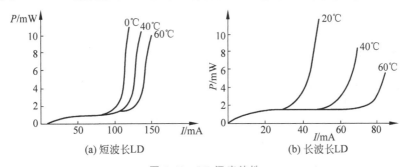

图 5-41　LD 温度特性

5.5.3　光调制技术

在光纤通信系统中,把随消息变化的电信号加到光载波上,使光载波按消息的变化而变化,这就是光波的调制。光调制技术包括:直接调制技术,调制信号调制激光器驱动电源,控制光信号输出;外调制技术,作用于激光器输出的光信号,利用晶体的电光、磁光、声光效性对光信号进行调制。

在阈值以上,LD 的输出光功率基本上与注入电流强度成正比,电流的变化转换为光频的变化呈线性,因此可以采用直接调制方法,如图 5-42 所示。

以前 LD 光源的频谱不纯,频率也不稳定,使调频或调相方式难以实现,实用系统采取直接强度调制(IM)的方法。

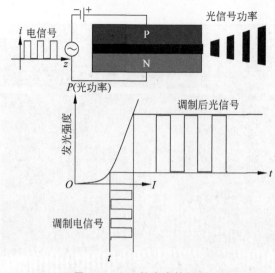

图 5-42　LD 数字直接调制

经调制后的光功率信号耦合入光纤,经光纤传输后,光接收机的光电检测器采用直接检测(DD)方式将光信号变换成电信号,再经放大、解调(或解码)后还原为原信号输出。这种光纤通信系统称为强度调制(ID)/直接检测光纤通信系统。

光源采用直接调制方式时,由于带宽受半导体光源的振荡频率限制和存在光源啁啾效应,使得在 2.5Gb/s 以上的高速率光纤通信系统中,必须使用外调制。马赫-曾德尔调制器(MZM)是一种较常用的外调制器。采用 MZM 可实现相位调制,强度调制和 IQ 调制。

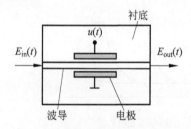

图 5-43　采用 MZM 的相位调制器
的基本结构

采用 MZM 的相位调制器的基本结构如图 5-43 所示,其相位变化为

$$\varphi = \frac{2\pi}{\lambda} \Delta n_{\text{eff}}(t) l_{\text{el}} \qquad (5\text{-}44)$$

式中:Δn_{eff} 为折射率变化; l_{el} 为波导长度;φ 与 $u(t)$ 成正比。

相位调制器的传递函数为

$$E_{\text{out}} = E_{\text{in}}(t) e^{j\varphi(t)} = E_{\text{in}}(t) e^{j\frac{u(t)}{V_{\pi}}\pi} \qquad (5\text{-}45)$$

衡量相位调制的一个关键指标半波电压 V_{π}(相位改变 π 需要的电压值),半波电压越低,表明效率越高。

基于 MZM 的强度调制器基本结构如图 5-44 所示。

其相位变化为

$$\varphi_1 = \frac{u_1(t)}{V_{\pi 1}}\pi, \quad \varphi_2 = \frac{u_2(t)}{V_{\pi 2}}\pi \qquad (5\text{-}46)$$

传递函数为

$$\frac{E_{\text{out}}(t)}{E_{\text{in}}(t)} = \frac{1}{2}(e^{j\varphi_1(t)} + e^{j\varphi_2(t)}) \qquad (5\text{-}47)$$

IQ 调制器可以看作相位调制器和强度调制器的结合,在 QAM 等高阶调制格式中运用广泛,其基本结构如图 5-45 所示。

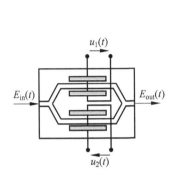

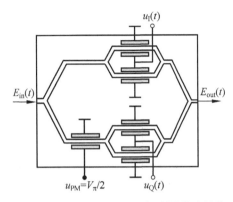

图 5-44 基于 MZM 的强度调制器基本结构 　　图 5-45 基于 MZM 的 IQ 调制器基本结构

其相位变化为

$$\varphi_I = \frac{u_I(t)}{V_\pi}\pi, \quad \varphi_Q = \frac{u_Q(t)}{V_\pi}\pi \tag{5-48}$$

传递函数为

$$\frac{E_{out}(t)}{E_{in}(t)} = \frac{1}{2}\cos\left(\frac{\varphi_I(t)}{2}\right) + j\frac{1}{2}\cos\left(\frac{\varphi_Q(t)}{2}\right) \tag{5-49}$$

外调制技术一般用在光的相干通信系统。

5.5.4 光发射机

光发射机由信道编码电路、光源及光源驱动与调制电路三部分组成。其实物与原理框图如图 5-46 所示。

1. 信道编码电路

信道编码电路的功能是对基带信号的波形和码型进行转换,使其适于光纤信道传输。

(1) **均衡器**:由 PCM 端机送来的 HDB3(三阶高密度双极性码)或 CMI(传号反转码)码流,首先需要经过均衡,用于补偿由电缆传输产生的衰减和畸变,以便正确译码。

(2) **码型变换**:由均衡器输出的是 HDB3 或 CMI 码,HDB3 码是三值双极性码(即 +1、0、-1),CMI 码是归零码。由于光源不能发射负脉冲,因此要通过码型变换电路,将其变换成适合于光纤传输的单极性的非归零的 0、1 码(NRZ 码)。

(3) **扰码**:若信息码流中出现长连 0 和长连 1 的情况,将会给时钟信号的提取带来困难。为了避免出现这种情况,需要附加一个扰码器,将原始的二进制码序列加以变换,使之达到 0、1 等概率出现。相应地,在光接收机的判决器后加一个解扰器,以恢复原始序列。

扰码改变了 1 码与 0 码的分布,从而改善了码流的一些特性。

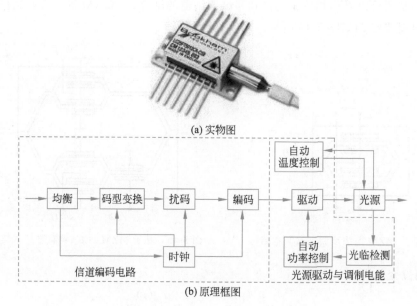

(a) 实物图

```
                                        ┌──────────┐
                                        │   自动   │
                                        │ 温度控制 │
                                        └────┬─────┘
┌──────┐   ┌──────────┐   ┌──────┐   ┌──────┐   ┌──────┐   ┌──────┐
│ 均衡 │──▶│ 码型变换 │──▶│ 扰码 │──▶│ 编码 │──▶│ 驱动 │──▶│ 光源 │──▶
└──────┘   └──────────┘   └──────┘   └──────┘   └──────┘   └──────┘
                            ▲          ▲           ▲          │
                            │          │           │          ▼
                        ┌──────────────────┐   ┌──────┐   ┌──────────┐
                        │      时钟        │   │ 自动 │   │ 光临检测 │
                        └──────────────────┘   │ 功率控制│  └──────────┘
                                               └──────┘
     信道编码电路                              光源驱动与调制电能
```

(b) 原理框图

图 5-46　光发射机实物与原理框图

比如,扰码前:1100000001000…

扰码后:1101110110011…

(4)**编码**:经过扰码后的码流,尽量使 1、0 的个数均等,便于接收机提取时钟信号,但扰码后的码流仍具有一些缺点,如没有引入冗余,不能进行在线误码检测,信号频谱中接近直流的分量较大,不能解决直流分量的波动等问题。因此,在实际的光纤通信系统中,对扰码后的码流再进行信道编码,以便满足光纤通信对线路码型的要求。

(5)**时钟提取**:由于码型变换、扰码和编码的过程都需要以时钟信号为依据,因此在均衡电路之后,由时钟提取电路提取时钟信号,供码型变换、扰码和解码电路使用。

2.光源及光源驱动与调制电路

光源驱动电路功能是将电信号转换成光信号,并将光信号送入光纤。

(1)**光源驱动电路**:经过编码以后的数字信号控制光源发光的驱动电流。若驱动电流为 0(信码为 0)则不发光,若驱动电流为预先规定的值(信码为 1)则发光,从而完成了电/光转换任务。

(2)**自动光输出功率控制电路**:由于光源经过一段时间使用将出现老化,使输出光功率降低,另外,激光器的光输出功率随温度的变化而变化,因此为了使光源的输出功率稳定,在实际使用的光发射机中常使用自动功率控制(APC)电路。它一方面使光输出功率保持稳定,另一方面防止光源因电流过大而损坏。

(3)**自动温度控制电路**:对激光二极管而言,结温升高时光输出功率会明显下降,在APC 电路的作用下控制发光的驱动电流就会自动增加,使得结温进一步升高,这样就造成恶性循环,从而导致激光二极管损坏,所以在光发射电路中使用自动温度控制(ATC)电路来控制光源的温度。

5.6 光电探测技术

5.6.1 光接收机

光接收机由光电检测器、光信号接收电路及信道解码电路三部分组成。其实物与原理框图如图 5-47 所示。它的作用就是检测经过远距离传输后到达的微弱光信号,并进行放大、整形、再生,还原成原来的输入信号。它的主要器件是把光信号转变为电信号的光电检测器,也就是光电二极管。

(a) 实物图

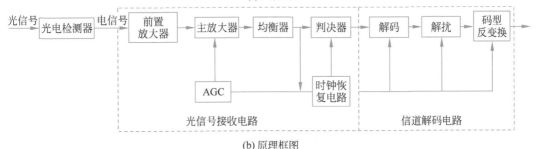

(b) 原理框图

图 5-47　光接收机实物与原理框图

1. 光信号接收电路

(1) **前置放大器**:由于从光电检测器出来的电信号非常微弱,在对其进行放大时要经过多级放大器进行放大。第一级放大必须考虑抑制放大器的内部噪声,因此它必须是低噪声、高增益的低噪声放大器,一般输出为毫伏数量级。

(2) **主放大器**:将低噪声放大器输出的信号电平放大到判决电路所需要的信号电平。另外,它还必须具有增益可调的功能。当光电检测器输出的信号出现起伏时,通过光接收机的自动增益控制电路对主放大器的增益进行调整,使主放大器的输出信号幅度在一定范围内不受输入信号的影响。一般输出电平的峰-峰值是几伏的数量级。

(3) **均衡器**:经过均衡器,补偿由光缆传输光电转换与放大后产生的衰减和畸变,使输出信号的波形适合于判决,以消除码间干扰,减少误码率。

(4) **判决器和时钟恢复电路**:判决器由判决电路和码形成电路构成。判决器和时钟恢复电路合起来构成脉冲再生电路,其作用是将均衡器输出的信号恢复为 0 或 1 的数字信号。

(5) **自动增益控制电路**:光接收机的自动增益控制(AGC)电路是主放大器的反馈环路,当信号强时,通过反馈环路使主放大器的增益降低;当信号弱时,通过反馈环路使主放大器的增益提高,从而使送到判决器的信号稳定,有利于判决。显然,自动增益控制电路的作用是增加了光接收机的动态范围。

　　2. 信道解码电路

信道解码电路是与发送端的信道编码电路相对应的,由解码、解扰和码型反变换电路组成。

因为光发射机输出的信号是经过码型变换、扰码和编码处理的,这种信号经过光纤传输到接收机后,必须由信道解码电路对信号进行一系列的"复原"处理,将它恢复成原始信号才能送入 PCM 系统。

5.6.2　光电二极管

光电二极管的工作原理如图 5-48 所示,通过外电路对 PN 结施加反向偏压。

当 PN 结加反向偏压时,外加电场方向与 PN 结的内建电场方向一致,势垒加强,在 PN 结界面附近载流子基本上耗尽,形成耗尽区(图 5-49)。当光束入射到 PN 结上,且光子能量 hf 大于半导体材料的带隙 E_g 时,价带上的电子吸收光子能量跃迁到导带上,发生受激吸收,形成一个电子-空穴对。在耗尽区,在较高的电场作用下电子向 N 区漂移,空穴向 P 区漂移。如果 PN 结外电路构成回路,就会形成光电流。当入射光功率变化时,光电流强度也随之线性变化,从而把光信号转换成电信号,实现光到电的转化。

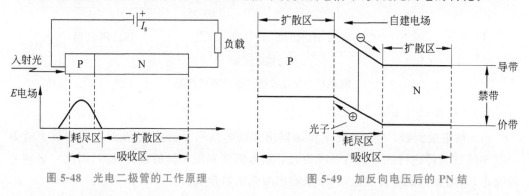

图 5-48　光电二极管的工作原理　　　　图 5-49　加反向电压后的 PN 结

5.6.3　PIN 光电二极管

如果在光电二极管的 PN 结中间掺入一层浓度很低的 N 型半导体,就可以增大耗尽区的宽度。由于这一掺入层的掺杂浓度低,近乎本征半导体,故称 I 层,因此这种结构称为 PIN 光电二极管,如图 5-50 所示。

PIN 管的 I 层较厚,几乎占据了整个耗尽区。绝大部分的入射光在 I 层内被吸收并产生大量的电子-空穴对;在 I 层两侧是掺杂浓度很高的 P 型和 N 型半导体,P 层和 N 层很薄,吸收入射光的比例很小。因而,光生电流中漂移分量占了主导地位,扩散的影响大大降低,这就加快了响应速度。

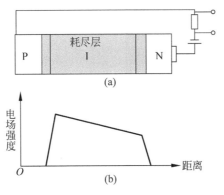

图 5-50　PIN 二极管的工作原理

5.6.4　雪崩光电二极管

如果在 PN 结施加更高反向偏压,使耗尽层中光生载流子受到更强电场的加速作用,载流子获得足够高的动能,它们与晶格碰撞电离产生新的电子-空穴对,这些载流子又不断引起新的碰撞电离,造成载流子的雪崩倍增,得到电流增益,这就是雪崩光电二极管(APD),如图 5-51 所示。

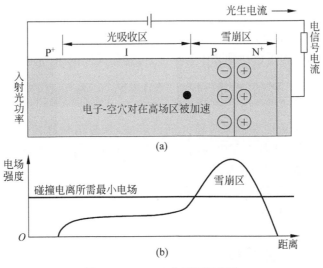

图 5-51　APD 工作原理示意图

5.6.5　光电检测器的特性

衡量光电检测器 PIN 和 APD 性能的主要有以下四个技术指标。

1. 响应度

响应度是描述器件光电转换能力的一种物理量,定义为

$$R_0 = \frac{I_p}{P_o}(A/W) \tag{5-50}$$

式中：I_p 为光电检测器的平均输出电流；P_o 为光电检测器的平均输出光功率。

2．响应特性

响应特性是指光电二极管产生的光电流跟随入射光信号变化的能力，一般用脉冲响应时间来表示。脉冲响应时间可以是脉冲上升时间或脉冲下降时间。把光生电流脉冲前沿由最大幅度的 10％上升到 90％的时间定义为脉冲上升时间；而把光生电流脉冲后沿由最大幅度的 90％下降到 10％的时间定义为脉冲下降时间。

响应时间主要取决于半导体光电二极管的结电容、光生载流子在耗尽区内的渡越时间和耗尽层外载流子扩散引起的延迟。显然，一个快速响应的光电检测器，它的响应时间一定是短的。

3．暗电流

暗电流是指没有光入射时的反向电流。暗电流主要包括反向饱和电流、在耗尽层内产生的复合电流以及表面漏电流等。

由于暗电流直接引起光接收机噪声增大，因此器件的暗电流越小越好。

4．雪崩倍增因子

雪崩倍增因子是描述 APD 发光二极管的倍增程度，定义为

$$G = \frac{I}{I_p} \tag{5-51}$$

式中：I 为雪崩时的光电流；I_p 为无雪崩倍增的光电流。

APD 的雪崩倍增因子已达到几十甚至上百，它随反向偏压、光波长和温度而变化。

视频

5.7 掺铒光纤放大器

在光纤通信中，采用中继器来补偿光能的衰减，恢复信号脉冲的形状。在光中继器中最重要的是放大器。光放大器出现前，中继器采用光—电—光变换方式，装置复杂、耗能多，而且不能同时放大多个波长信道。

1987 年，英国和美国同时报道了将稀土元素铒掺入光纤中可实现 $1.55\mu m$ 波段的光增益，掺铒光纤放大器（EDFA，图 5-52）取得突破性进展。

EDFA 的典型结构如图 5-53 所示，EDFA 工作波长为 $1.55\mu m$，它包括光路结构和辅助电路部分。光路部分由掺铒光纤、泵浦光源（其目的是输入能量给工作物质，使低能级粒子跃迁到高能级，可运用

图 5-52　EDFA 实物图

980 或 1480nm 的半导体激光源）、光耦合器、光隔离器等组成，辅助电路主要有电源、自动控制部分和保护电路。

掺铒光纤是 EDFA 的核心元件，它以单模石英光纤作为基质材料，在其纤芯中掺入一定比例的稀土元素铒离子。

EDFA 放大激光的过程与激光产生的过程有些类似。图 5-54 是铒离子的能级图，可简化为基态、亚稳态和泵浦态三能级结构。基态为 $^4I_{15/2}$，亚稳态为 $^4I_{13/2}$，在亚稳态上粒

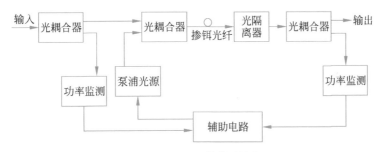

图 5-53　EDFA 的典型结构

子的平均寿命时间达到 10ms，泵浦态为 $^4I_{11/2}$，粒子在泵浦态上的寿命为 $1\mu s$。由于铒离子在高能级上的寿命很短，很快以无辐射的形式跃迁到亚稳态，从而在亚稳态和基态之间形成粒子数反转分布，如图 5-55 所示。可见，铒离子是工作物质。

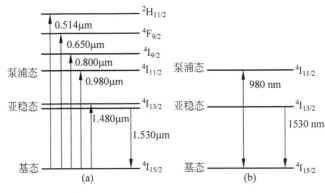

图 5-54　铒离子的能级图

EDFA 中的泵浦源一般采用 980nm 的 LED 光源，它把处于低能级的铒离子被提升到高能级上。可见，泵浦源也有了。

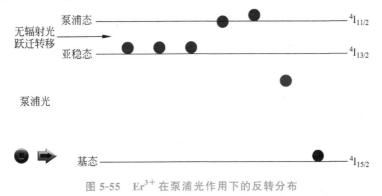

图 5-55　Er^{3+} 在泵浦光作用下的反转分布

当 $1.55\mu m$ 波段的光信号通过这段掺铒光纤时，亚稳态的铒离子以受激辐射的形式跃迁到基态，并产生出和入射光信号中一样的光子。可见，EDFA 没有谐振器，因为它只是起放大激光的作用，如图 5-56 所示。

光放大器的出现是光纤通信发展史上里程碑，光放大器技术促进波分复用技术快速走向实用化。

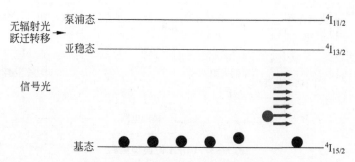

图 5-56　掺铒光纤放大器光放大原理

视频

5.8　光波分复用技术

　　波分复用是在一根光纤中同时传输多波长光信号的一种技术,采用这种技术可以实现如图 5-57 所示的双纤单向传输系统。各个用户的消息信号分别被调制不同波长的光载波上,不同波长的光信号作为合信号在一条光纤上传输,收端把不同波长的合信号分离出来,通过解调取出用户的信号。

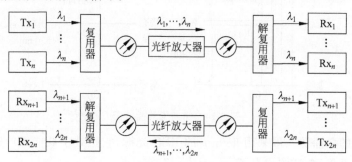

图 5-57　双纤单向传输示意图

　　可见,波分复用是利用波长的不同来区分不同的用户。那么波分复用究竟是怎么实现的?白光由不同波长成分组成,白光通过三棱镜折射能够把不同波长成分分开,如图 5-58 所示。

　　正是采用这种原理实现了波分复用。如图 5-59 所示,多个波长的混合光通过三棱镜后,其折射角不同,最终分别耦合到对应的光纤中,实现不同波长的分离,即解波分复用。对于波分复用,它是以上解波分复用器反过来使用。

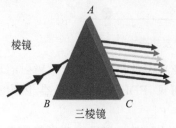

图 5-58　三棱镜的色散

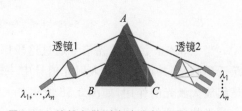

图 5-59　棱镜色散型光波分复用器结构示意图

WDM 技术具有以下优点：

（1）**充分利用光纤的巨大带宽**。光纤具有巨大的带宽，WDM 技术使一根光纤的传输容量比单波长传输增加几倍至几十倍甚至几百倍，从而增加光纤的传输容量，降低成本，具有很大的应用价值和经济价值。

（2）**同时传输多种不同类型的信号**。由于 WDM 技术使用的各波长的信道相互独立，因而可以传输特性和速率完全不同的信号，完成各种电信业务信号的综合传输。

（3）**节省线路投资**。采用 WDM 技术可使 N 个波长复用起来在单根光纤中传输，也可实现单根光纤双向传输，在长途大容量传输时可以节约大量光纤。另外，对已建成的光纤通信系统扩容方便，只要原系统的功率余量较大，就可进一步增容而不必对原系统做大的改动。

（4）**降低器件的超高速要求**。随着传输速率的不断提高，许多光电器件的响应速度已明显不足，使用 WDM 技术可降低对一些器件在性能上的极高要求，同时又可实现大容量传输。

5.9　光纤相干通信技术

在如图 5-60 所示的相干光通信的发送机，采用外调制的方式将信号调制到光载波上，到达接收端以后，首先经过前端处理如均衡等，然后进入光混频器与本地光振荡器产生的光信号进行相干混合，最后由探测器进行探测。

在光混合器，信号光和本振光的偏振态一般要求始终保持一致。

图 5-60　相干光通信结构

相干光通信可以降低长距离传输的光纤架设成本，简化光路放大和补偿设计，因此在长距离传输网上成为主要的应用技术。

5.10　仿真实验

5.10.1　光纤内脉冲信号传输仿真

光纤对通信系统的影响在信号的衰减、色散和非线性效应三方面。衰减可用 EDFA 解决；在长途干线上使用单模光纤，起主要作用的是群速度色散（GVD）；而非线性效应包括 SRS、SBS、FWM、SPM 和 XPM。

光纤内脉冲随传播距离的变化由非线性薛定谔方程来描述，采用分步傅里叶算法求解这个方程，用 MATLAB 实现这个算法。

运行程序文件 test_5_9_1，可看到如图 5-61 所示的周期高斯脉冲波形，在 50km 的光纤上传输各脉冲波形的变化如图 5-62 所示。

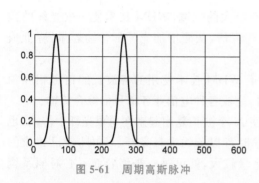

图 5-61　周期高斯脉冲

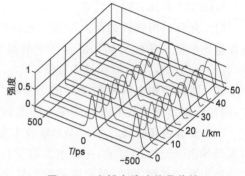

图 5-62　光纤内脉冲信号传输

由此可见,由于 GVD 和 SPM 的作用,通信信号在光纤中传输信号会变宽,从而引起码间干扰。

5.10.2　光纤通信系统仿真

光纤通信系统模型如图 5-63 所示,包括脉冲成形、电光调制、光纤信道、光电解调、低通滤波和抽样判决。

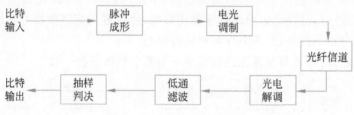

图 5-63　光纤通信系统模型

将文件 PRseries、PCMcode、photo_detect 和 test_5_9_2 放在工作目录,运行主程序 test_5_9_2,可以看到对于如图 5-64 所示的消息序列,经过脉冲成形、电光调制、光纤信道和光电解调后的波形为如图 5-65 所示的噪声信号。可见,光电解调这个环节会引入噪声。

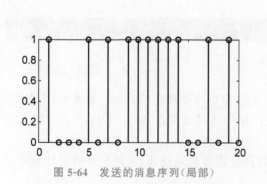

图 5-64　发送的消息序列(局部)

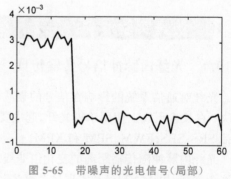

图 5-65　带噪声的光电信号(局部)

这种带噪声的光电信号经过低通滤波,得到如图 5-66 所示的信号,滤波后的光电信号的眼图如图 5-67 所示。

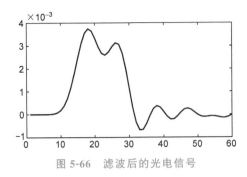

图 5-66 滤波后的光电信号

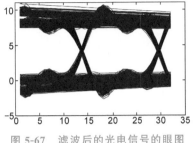

图 5-67 滤波后的光电信号的眼图

经过抽样判决后得到接收的消息序列如图 5-68 所示。由图可见,得到的消息序列与发送的数据符合得很好。

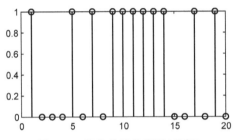

图 5-68 接收的消息序列(局部)

习题

1. 简述光纤通信系统的基本组成,各部分作用是什么。

2. 某阶跃光纤纤芯和包层的折射率分别为 $n_1 = 1.5, n_2 = 1.45$,试计算:

(1) 纤芯和包层的相对折射率差 Δ;

(2) 光纤的数值孔径。

3. EDFA 能放大哪个波段的光信号? 简述 EDFA 的结构和工作原理。

第 6 章

移动通信系统

①掌握移动通信概念；②了解移动通信历史；③理解移动通信特点；④理解蜂窝技术；⑤理解越区切换；⑥理解位置管理；⑦理解电波传播环境；⑧理解电磁信号传播的效应；⑨理解 OFDM 技术、MIMO 技术和 Polar 码技术。

6.1 移动通信概述

6.1.1 移动通信的概念

移动通信是指通信双方或至少一方是在运动中实现信息双向传输的过程或方式，就是"动中通"。

以前，通信的目标是实现"个人通信"，当时看起来是一个很难的任务，结果利用移动通信技术 30 多年就变成了现实。现在通信的目标是实现万物互联，显然，现有的 5G 移动通信技术正在把这种愿望变成现实。

移动通信系统是利用无线电磁波的传播来传递消息。以往的移动通信采用 300～3000MHz 的特高频频段，5G 正扩展到超高频和极高频频段。移动通信的频段如表 6-1 所示。

视频

表 6-1　移动通信的频段

移动通信系统	所使用的频段	所属频段
第一代	450MHz 900MHz	特高频(300～3000MHz)
第二代	900MHz 1800MHz 1900MHz	
第三代	2000MHz	
第四代	2000MHz	
第五代	6GHz 以下	特高频(300～3000MHz)
		超高频(3～30GHz)
	24.25～52.6GHz	极高频(3～300GHz)

6.1.2 移动通信系统结构

全球移动通信(GSM)系统是现有最成熟和运营最成功的一种蜂窝移动通信系统，它的组成结构、关键技术等是后续系统的基础。GSM 系统结构如图 6-1 所示。

移动通信系统一般由移动台(MS)、基站(BS)、基站控制器(BSC)、移动交换中心(MSC)及与市话网(PSTN)相连的中继线等组成。

视频

1. 移动台

手机就是一个移动台，它是用户的入网设备，含有收、发信机和天线。

其通信过程与数字微波通信相似：语音消息首先变为原始电信号，然后转化为数字基带信号，通过信道编码和加密，形成 TDMA 帧结构，再调制成中频信号和上变频成射频信号，最后放大后经天线辐射出去，经过大气信道的传播到达基站的接收机，如图 6-2 所示。

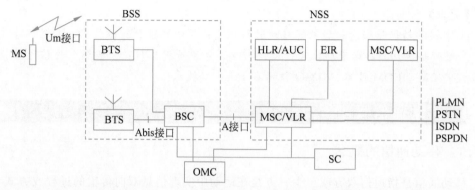

BSS—基站子系统；NSS—网络子系统；BTS—基站收发台；PLMN—公众陆地移动电话网；VLR—访问位置寄存器；HLR—归属用户位置寄存器；EIR—设备识别寄存器；AUC—鉴别中心；ISDN—综合数字电话网；PSPDN—分组交换的公共数据网。

图 6-1　GSM 系统结构

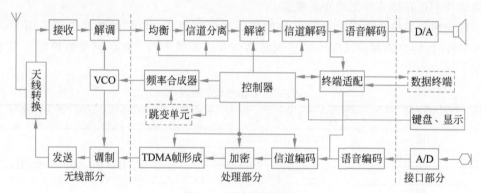

图 6-2　移动终端原理

2. 基站

每个基站都有一个可靠通信的服务范围,称为无线小区。无线小区的大小主要由基站发射功率和基站天线的高度决定。

基站设有收信机、发信机和天线等设备,能与该小区内所有移动台进行通信。基站用天线接收射频信号,进行预放大、下变频、解调、均衡、解密、解交织、纠错等,得到基带信号,如图 6-3 所示。

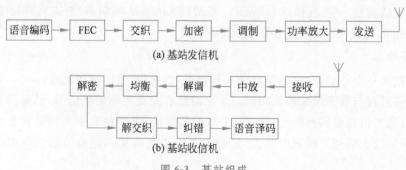

图 6-3　基站组成

由此可见,基站至少具备中继的作用,利用它手机可以实现远距离通信,就像地面微波中继系统一样。

3. 移动交换中心

在固定电话系统中程控交换机可以快速完成接续功能,从而使得许多电话同时工作,移动通信系统也有这种设备,即移动交换中心(MSC),如图 6-4 所示。

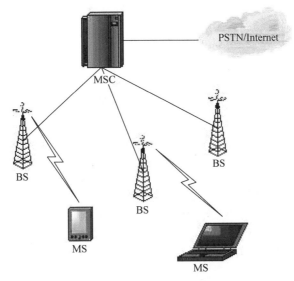

图 6-4 移动交换中心

在早期的蜂窝系统(图 6-5)中,BS 要随时测量移动台的信号强度,并将结果发送给 MSC,由 MSC 判断 MS 是否需要切换,一旦需要切换,MSC 通知新的 BS 启动指配的空闲频道,并通过原来的 BS 通知 MS 把其工作频率切换到新的频道。这种做法需要在 BS 和 MSC 间频繁传输测量信息和控制信令,不仅增大链路负荷,而且要求 MSC 具有很强的处理能力。

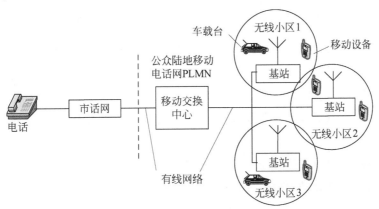

图 6-5 模拟蜂窝系统示意图

因此 GSM 系统做了一个合理的规划,增加了一个实体——基站控制器,把一部分管理工作委托给了基站控制器。

4. 基站控制器

基站控制器（BSC）控制若干个基站，并对话路进行初级处理。基站控制器主要功能是管理无线信道，实施呼叫和通信链路的建立及拆除，并控制本控制区内移动台的越区切换。

移动交换中心是移动通信系统的核心，除具有交换机的功能之外，还要承担用户数据管理、移动性管理和安全性管理，这些管理工作主要是利用以下四个数据库来完成。

5. 访问用户位置寄存器

访问用户位置寄存器（VLR）包含于MSC，它是一个动态用户数据库，用来存储与呼叫处理有关的一些数据，例如用户的号码，所处位置的位置区域识别码（LAI），向用户提供本地用户的服务参数等。

一旦移动用户离开该VLR的控制区域，则重新在另一个VLR登记，原VLR将删除临时记录的该移动用户的数据。

6. 归属用户位置寄存器

归属用户位置寄存器（HLR）是系统的中央数据库，存储着管辖区的所有移动用户的有关数据，包括静态数据和动态数据。静态数据有移动用户号码、访问能力、用户类别和补充业务等。动态数据主要为有关用户目前所处的位置信息，如MSC、VLR地址等。

7. 设备识别寄存器

设备识别寄存器（EIR）用于查询一个申请服务的移动终端是否已被授权在网上运行，防止非法移动台的使用。

8. 鉴别中心

鉴别中心（AUC）对任何试图入网的移动用户进行身份认证，只有合法用户才能接入网中并得到服务。

6.1.3 移动通信的发展历程

视频

移动通信技术可以追溯到20世纪20年代，到目前为止大致经历了以下四个发展阶段。

1. 萌芽阶段（20世纪20年代至40年代）

此阶段主要完成了通信实验和电波传播实验，在短波频段上实现了小容量专用移动通信系统。

2. 起步阶段（20世纪40年代中期至60年代初期）

此阶段各种公共移动通信系统相继建立起来。

3. 开拓阶段（20世纪60年代中期至70年代中期）

移动通信系统的典型代表为美国的改进型移动电话系统（IMTS），它的特点是使用了新频段，采用大区制，实现了系统的中小容量。

4．商业阶段

（1）1G 技术（20 世纪 70 年代中期至 80 年代初期）：贝尔实验室成功研制了基于 FDMA 的先进移动电话系统（AMPS），这是世界第一个模拟蜂窝移动通信系统（1G），奠定了蜂窝通信理论基础。

（2）2G 技术（20 世纪 80 年代中期到 21 世纪初期）：数字蜂窝移动通信系统（2G）被开发出来，最典型的是欧洲基于 TDMA 技术的 GSM 系统，采用语音编码等数字技术解决语音质量和系统容量问题。

（3）3G 技术：2000 年，基于码分多址（CDMA）技术的第三代移动通信系统（3G）开始投入商用，采用 Turbo 码和 CDMA 技术，解决多媒体和系统容量问题。

（4）4G 技术：2011 年，3GPP 提出了长期演进技术升级版作为 4G 技术标准，所有业务都采用分组交换方式。4G 采用正交频分复用（OFDM）、MIMO 和空分多址（SDMA）解决了高质量的多媒体业务和更大系统容量需求问题。

（5）5G 技术：5G 是继 4G 后的最新一代蜂窝移动通信技术，它是通过一些关键新技术实现 10Gb/s 超大容量、端到端 1ms 超低时延、1000 亿海量连接的移动通信系统。5G 不仅仅是一次技术升级，它为我们搭建一个广阔的技术平台，催生无数新应用、新产业。

6.1.4 移动通信的特点

移动通信由于是无线方式，而且是在移动中进行通信，具有以下特点：

1．较严重的衰落

通信过程中，电波不仅会受到地形、地物的遮蔽而发生"阴影效应"，而且经过多点反射，移动台接收到的是多径信号，如图 6-6 所示，移动台接收到基站的直射波 W_1、地面反射波 W_2 及障碍物所引起的散射波 W_3。这种多径信号的幅度、相位和到达时间都不一样，它们相互叠加会产生电平衰落。另外，移动终端可能在各种环境中不断运动，导致接收信号的幅度和相位随地点、时间不断变化，因此要求移动台具有良好的抗衰落技术指标。

视频

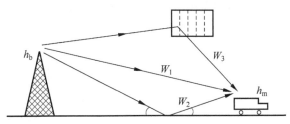

图 6-6　地面无线电波传播情况

2．远近效应

当两个移动台和基站的距离不同，而以相同的频率和相同的功率发送信号时，基站接收来自远端移动台的有用信号将被淹没在近端移动台所发送的信号之中。这种接收点位置不同，使得发信机与基站之间的路径不同，从而引起的接收功率下降现象称为远近效应。因此,首先,在进行频率分配时,应尽量加大同一频道组频率间隔以提高隔离度;其次,一般要求移动台的发射功率具有自动调整能力,同时移动台的接收机需要具有自动增益控制能力,当通信距离改变时能自动进行信号强度的调整。

3. 干扰大

在移动通信中,基站一般设置若干收、发信机,服务区内各移动台很可能同时在邻近的频率上工作,其位置和地区分布密度也随时变化,这些因素往往导致严重干扰,最常见的有邻道干扰、互调干扰、共道干扰等。同时,还可能受到城市噪声、各种车辆发动机点火噪声等的影响。因此,必须采取相应的措施来抵消这些干扰。

4. 多普勒效应

由于移动台处于运动状态中,接收信号有附加频率变化,即多普勒频移。该频移与移动台的运动速度有关,当移动台运动速度较高时,语音信号产生的失真令人感觉非常不适。

5. 环境条件差,设备要求高

移动通信要求移动台体积和重量小、功耗低、操作方便;即使是在有振动和高、低温等恶劣的环境条件下,移动台也必须能够稳定、可靠地工作。

6. 用户量大,但频率有限

移动通信可以利用的频谱资源非常有限,而移动通信业务量的需求却与日俱增。为了解决这一矛盾,一方面要开辟新的频段;另一方面要探索各种新技术,以提高频谱利用率。

6.2 蜂窝技术

视频

无线小区的大小主要由发射功率和基站天线的高度决定。移动通信的体制根据服务区覆盖方式的不同可分为大区制(图 6-7)和小区制。

大区制是指一个通信服务区内只由一个无线区覆盖,基站发射功率为 50～200W,天线高度超过 30m,覆盖半径超过 25km。其基本特点是只有一个基站,覆盖范围有限,服务的用户容量有限,性能较差,频率利用率低。这就是所谓"大区制小容量"。

移动通信网的小区制如图 6-8 所示。

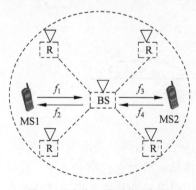

图 6-7　移动通信网的大区制

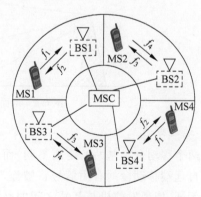

图 6-8　移动通信网的小区制

6.2.1 蜂窝概念

1974 年,贝尔实验室提出了蜂窝概念,它是将一个移动通信服务区划分成许多小区,每个小区设立基站,覆盖半径为 2～10km。目前的发展方向是将小区划小,成为宏小区(2～20km)、微小区(0.4～2km)、皮小区(小于 400m)等。

如果基站采用全向天线,覆盖区实际上是一个圆,但从理论上说,圆形小区邻接会出现多重覆盖或无覆盖,有效覆盖整个平面区域的实际上是圆的内接规则多边形,这样的规则多边形有正三角形、正方形、正六边形三种,如图 6-9 所示。

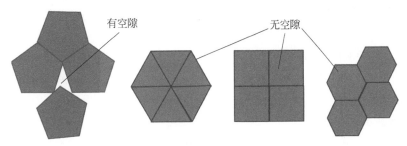

图 6-9 不同覆盖

内接圆内的三种多边形如图 6-10 所示。

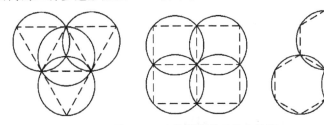

图 6-10 内接圆内的三种多边形

在无线小区辐射半径 r 相同的条件下,计算出三种形状小区的邻区距离、小区面积、交叠区宽度和交叠区面积,如表 6-2 所示。

表 6-2 三种形状的特性

小区形状	正三角形	正方形	正六边形
邻区距离	r	$\sqrt{2}r$	$\sqrt{3}r$
小区面积	$1.3r^2$	$2r^2$	$2.6r^2$
交叠区宽度	r	$0.59r$	$0.27r$
交叠区面积	$1.2\pi r^2$	$0.73\pi r^2$	$0.35\pi r^2$

在服务区面积一定的情况下,正六边形小区的形状最接近理想的圆形,相邻小区的重叠部分最少,小区的面积最大,用它覆盖整个服务区所需的基站数最少,也最经济,且相邻小区之间的相互干扰最小。

正六边形构成的网络形同蜂窝,因此把小区形状为正六边形的小区制移动通信网称为蜂窝网(图 6-11)。

蜂窝系统将所覆盖的地区划分为若干小区（图 6-12），每个小区设立一个基站为本小区的用户服务。

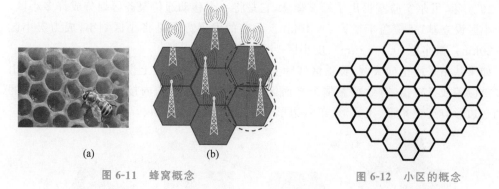

图 6-11　蜂窝概念

图 6-12　小区的概念

6.2.2　复用距离

1. 区群的定义

无线电信号要保持足够的强度，不可能只限制在小区范围内，因此，附近的若干个小区都不能用相同的频道。应把这些相邻的、使用不同频道的小区先组成一个无线区群，再由若干个无线区群构成整个服务区。

区群就是相邻的使用不同频道的所有小区，也就是一个区群由几个不同小区构成，占用几个不同的频道。

如图 6-13 所示，$N=7$，区群有 7 个小区，有 7 个不同的频道。这些颜色相同的相邻小区称为相邻同频道。

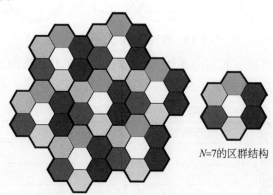

$N=7$的区群结构

图 6-13　$N=7$ 的区群

如图 6-14 所示，构成区群的条件如下：

（1）区群之间能够彼此邻接，且无空隙地覆盖整个通信服务区。

（2）相邻区群中，同频道的小区之间距离相等且最大。

满足上述条件的区群形状和区群内的小区数不是任意的。

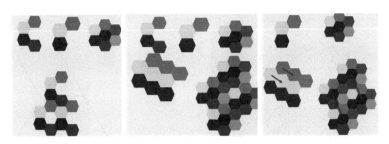

图 6-14　构成区群的条件

可以证明,区群内的小区数应满足:

$$N = i^2 + ij + j^2 \quad (i > 0, j \geqslant 0) \tag{6-1}$$

假定相邻小区中心间距为 d_0,i 和 j 表示有多少个 d_0。据此条件可构成的正六边形蜂窝区群结构如图 6-15 所示。

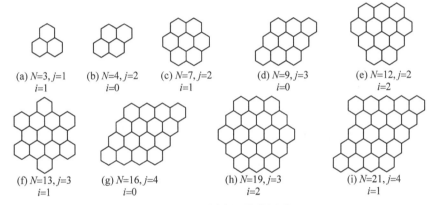

(a) $N=3$, $j=1$
$i=1$

(b) $N=4$, $j=2$
$i=0$

(c) $N=7$, $j=2$
$i=1$

(d) $N=9$, $j=3$
$i=0$

(e) $N=12$, $j=2$
$i=2$

(f) $N=13$, $j=3$
$i=1$

(g) $N=16$, $j=4$
$i=0$

(h) $N=19$, $j=3$
$i=2$

(i) $N=21$, $j=4$
$i=1$

图 6-15　不同小区数的区群

2. 复用距离的确定

相邻同频道小区距离称为复用距离,如图 6-16 所示。

复用距离的确定先要确定相邻同频道小区位置(i,j):首先连接两个同频道小区 A,如图 6-17 中的粗线,确定方向是右上;然后分别从这两个小区 A 中心沿六边形边的垂线方向引两条射线,两条射线的交点对应于 O 点;最后确定分别从这两个小区 A 中心出发达到 O 点跨越多少个六边形边,就是 i 和 j 的值。

如图 6-18 所示,从一个小区出发,在正六边形的六个方向可以找到六个相邻同频道小区,所有相邻 A 小区之间的距离都相等。

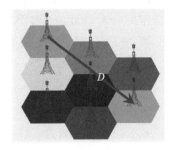

图 6-16　复用距离

复用距离计算(图 6-19):

相邻小区之间的距离为

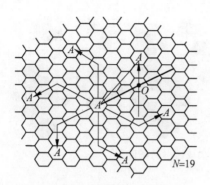
图 6-17　相邻同频道小区

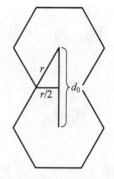
图 6-18　相邻小区的距离

$$d_0 = 2\sqrt{r^2 - (r/2)^2} = \sqrt{3}\,r \qquad (6\text{-}2)$$

那么,复用距离为

$$D = \sqrt{3}\,r\sqrt{(j + i/2)^2 + (\sqrt{3}\,i/2)^2}$$
$$= \sqrt{3(i^2 + ij + j^2)}\,r$$
$$= \sqrt{3N}\,r \qquad (6\text{-}3)$$

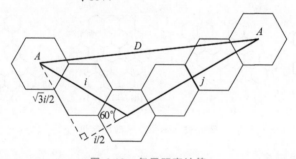
图 6-19　复用距离计算

【例 6-1】　设蜂窝网的小区辐射半径为 $8\mathrm{km}$,根据同频干扰抑制的要求,相邻同频道小区距离应大于 $32\mathrm{km}$,每个小区的信道数目相同,那么该网的区群应如何组成?

解:相邻同频道小区距离为

$$D = \sqrt{3N}\,r$$
$$D = \sqrt{3N} \times 8 > 32$$

区群信道数 $N > 5.3$

系统总的信道数为

$$C = M \times k = S \times M/N \qquad (6\text{-}4)$$

其中,$k = S/N$。

N 取值越小,系统容量 C 越大,但是 N 要满足

$$N = i^2 + ij + j^2 \ (i > 0, j \geqslant 0)$$

因此,N 取 7。

6.2.3 中心激励和顶点激励

在每个小区中,基站可设在小区的中央,用全向天线形成圆形覆盖区,这就是中心激励方式,如图 6-20(a)所示;也可以将基站设计在每个六边形的三个顶点上,每个基站采用三副 120°扇形辐射的定向天线,分别覆盖三个相邻小区的各三分之一区域,每个小区由三副 120°扇形天线共同覆盖,这就是顶点激励方式,如图 6-20(b)所示。

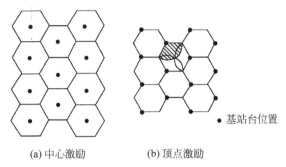

(a) 中心激励　　　　　(b) 顶点激励

图 6-20　激励方式

6.2.4 小区分裂

以上均认为整个服务区中每个小区面积都是相同的,每个基站的信道数也是相同的,这只是适应于用户密度均匀的情况。事实上服务区内的用户密度是不均匀的,例如,城市中心商业区的用户密度高,居民区和市郊区的用户密度低。为了适应这种情况,在用户密度高的地方应使小区的面积小一些,在用户密度低的地方可使小区的面积大一些,如图 6-21 所示。另外,对于已设置好的蜂窝通信网,随着城市建设的发展,原来的低用户密度区变成了高用户密度区。这时相应地在该地区设置新的基站,将小区面积划小。

解决以上问题可用小区分裂方法。以 120°扇形辐射的顶点激励为例,如图 6-22 所示,在原小区内分设三个发射功率更小一些的新基站,就可以形成几个面积更小一些的正六边形小区,如图中虚线所示。应该注意将原基站天线有效高度适当降低,发射功率减小,尽量避免小区间的同频干扰。这种蜂窝状的小区制是目前大容量公共移动通信网的主要覆盖方式。

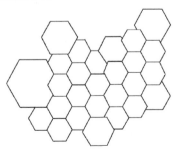

图 6-21　用户分布密度不等时的蜂窝结构

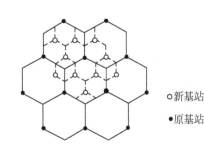

图 6-22　小区分裂

6.2.5　信道配置

信道(频率)配置主要解决将给定的频率如何分配给在一个区群的各个小区。在CDMA系统中,所有用户使用相同的工作频率,因而无须进行频率配置。频率配置主要针对FDMA和TDMA系统。

信道配置主要有分区分组配置法与等频距配置。下面就等频距配置进行介绍。

等频距配置是按等频率间隔来配置信道,只要频距选得足够大,就可以有效地避免邻道干扰。这样的频率配置可能正好满足产生互调的频率关系,但正因为频距大,干扰易于被接收机输入滤波器滤除而不易作用到非线性器件,这也就避免了互调的产生。

等频距配置时可根据群内的小区数 N 来确定同一信道组内各信道之间的频率间隔,例如,第一组用$(1,1+N,1+2N,1+3N,\cdots)$,第二组用$(2,2+N,2+2N,2+3N,\cdots)$等。若 $N=7$,则信道的配置如下:

第一组:1,8,15,22,29,…。
第二组:2,9,16,23,30,…。
第三组:3,10,17,24,31,…。
第四组:4,11,18,25,32,…。
第五组:5,12,19,26,33,…。
第六组:6,13,20,27,34,…。
第七组:7,14,21,28,35,…。

同一信道组内的信道最小频率间隔为 7 个信道间隔,若信道间隔为 25kHz,则其最小频率间隔可达 175kHz,接收机的输入滤波器便可有效地抑制邻道干扰和互调干扰。

6.2.6　信令

在移动通信网中,除了传输语音信号以外,为使全网有秩序地工作,还必须在正常通话的前后传输很多非语音信号,比如一般电话网中必不可少的摘机、挂机、空闲音、忙音、拨号、振铃、回铃,以及无线通信网中所需的频道分配、用户登记和管理、越区切换、功率控制等信号。把这些语音信号以外的信号及指令系统称为信令。

在现有的移动电话系统中都设立了专用的控制信道,用以传送信令。例如,在TACS制式的模拟公用移动网中,A、B 频段中各有 21 个信道指定为控制信道,其信道号分别为 23～43 和 323～343。在一个小区中通常有一个控制信道和一组语音信道(通常为 15～30 个)。

移动通信的信令按功能,可分为控制信令、选呼信令和拨号信令。

1. 控制信令

基站向移动台方向:

(1) 指令通话信道的信令,由基站控制移动台工作在指定的信道上。

(2) 空闲信令,表示专用的呼叫信道未被占用。

(3) 拆线信令(可与空闲信令兼用),表示通话结束,线路复原。

移动台向基站方向：

（1）回铃信令,移动台表示接收到了信号。

（2）发信信令(可兼作回铃信令),即表示移动台发射的信号。

（3）拆线信令(可与空闲信令兼用),表示通话结束,线路复原。

2. 选呼信令

选呼信令实际上是移动台的地址码,基站按照主呼移动台拨打的号码(相应的地址码)选呼,即可建立与被呼叫移动台的联系。

3. 拨号信令

拨号信令是移动用户通过移动通信网呼叫一般市话局用户而使用的信令。

信令按信号形式又可分为模拟信令和数字信令。在 TACS 制式中为了与市话网相连而保留许多模拟信令,而在第二代和第三代移动通信网中都采用数字信令信号,如 GSM 和 CDMA 系统。

6.2.7 移动性管理

视频

1. 位置登记

位置登记是通信网为了跟踪移动台的位置变化,而对其位置信息进行登记、删除和更新的过程。位置信息存储在归属位置寄存器(HLR)和访问位置寄存器(VLR)中。

当一个移动用户首次入网时,它必须通过移动交换中心(MSC),在相应的位置寄存器中登记注册,将其有关的参数(如移动用户识别码、移动台编号及业务类型等)全部存放在这个位置寄存器中。因此,网络就把这个位置寄存器称为归属位置寄存器。

移动台的不断运动将导致其位置不断变化,这种变动的位置信息由另一种位置寄存器——访问位置寄存器(VLR)进行登记。

如图 6-23 所示,每个 MSC/VLR 服务区被分成若干位置区,一个位置区对应一个位置区识别码(LAI),系统能区别不同的位置区。一个位置区又划分为若干个小区,每个小区具有专用的识别码(CGI)。利用基站识别码(BSIC),移动台本身能区分使用同样载频的各个小区。

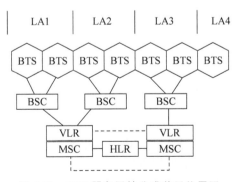

图 6-23　MSC 服务区被分成若干位置区

当移动台从一个位置区移到另一个位置区时,则会发现所接收到的位置区识别码与其寄存器中的 LAI 不符,必须立即进行登记,此过程称为位置更新。

位置更新总是由移动台启动的。在同一个 VLR 服务区中的不同位置区之间移动,或者在不同 VLR 服务区之间移动等情况下,移动台都要进行位置更新。

相同 VLR 服务区内的位置更新举例:

从重庆市的沙坪区三峡广场到大学城,其位置更新流程(图 6-24):MS 进入新位置后,由于新旧位置区在同一个 MSC 的覆盖区域内,其 VLR 没有变化。但是两个地方处于不同位置区内,VLR 要更新不同的 LAI。

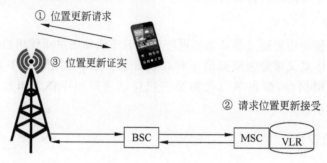

图 6-24 相同 VLR 的位置更新

不同 VLR 服务区间的位置更新举例:

从重庆到成都,其位置更新流程(图 6-25)如下:

(1) 当手机进入新的位置区后,收到的 LAI 与存储的 LAI 不一致,手机立刻向新的 MSC 发出位置更新请求(含自己的 ID)。

(2) 新 MSC 检查其 VLR,发现没有该手机的信息,就送出一个位置更新请求(包含手机和新 MSC 的 ID)到 HLR。

(3) HLR 将新的 VLR 记下作为手机的 VLR,并将手机的信息数据库下载到新的 VLR 中。

(4) 新的 VLR 通过新 MSC 将应答信息送回到 BSS 及手机。

(5) HLR 送出信息到旧的 VLR,取消其中的该手机信息数据库。

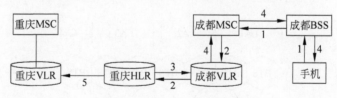

图 6-25 不同 VLR 的位置更新

2. 越区切换

越区切换是指在通话期间,当移动台从一个小区进入另一个小区时,网络进行实时控制,把移动台从原小区所用的信道切换到新小区的某一信道,并保证通话不间断。

较典型的情况是在行驶的车上,移动台从一个小区移到了另外一个小区。由于离原来的基站越来越远,信号越来越弱,而邻区基站的信号却越来越强,于是手机将链路从原来的基站切换到新的基站。

视频

从本质上说,越区切换的是实现蜂窝移动通信的无缝隙覆盖。切换的操作不仅包括识别新的小区,而且需要分配给移动台在新小区的语音信道和控制信道。

越区切换主要有 BSC 区内不同小区间的切换、MSC 区内不同 BSC 区间的切换和 MSC 区间的切换等。

1) MSC 内不同小区间的切换

同一个 BSC 区、不同 BTS 之间切换如图 6-26 所示,由 BSC 负责切换过程。

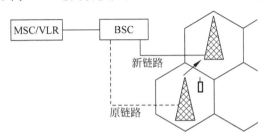

图 6-26　同一个 BSC 的越区切换

首先由 MS 向 BSC 报告原基站和周围基站的信号强度,由 BSC 发出切换命令,MS 切换到新的业务信道后告知 BSC,由 BSC 通知 MSC/VLR 已完成此次切换。若 MS 所在的位置区也不一样,则在呼叫完成后还需要进行位置更新。

2) MSC 区内不同 BSC 间的切换

同一个 MSC/VLR 业务区,不同 BSC 间的切换如图 6-27 所示,由 MSC 负责切换,切换流程如图 6-28 所示。

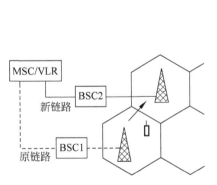

图 6-27　同一个 MSC 区内不同 BSC 间的
　　　　　越区切换

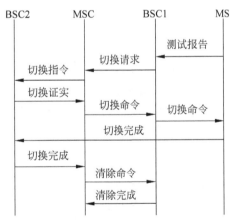

图 6-28　同一个 MSC 区内不同 BSC 间的
　　　　　切换流程

首先由原基站控制器(BSC1)报告测试数据,BSC1 向 MSC 发送"切换请求",再由 MSC 向新基站控制器(BSC2)发送"切换指令",BSC2 向 MSC 发送"切换证实"消息;然后 MSC 向 BSC1、MS 发送"切换命令",待切换完成后,MSC 向 BSC1 发"清除命令",释放原占用的信道。

视频

6.2.8 GSM 系统的传输方式

在 GSM 系统中,移动台与基站之间的接口称为空中无线接口,简称空口(Um)。移动台与基站之间是以无线电波作为载波的信息传输,它是移动通信最重要的信道,是制约移动通信系统容量扩展的瓶颈,如图 6-29 所示。

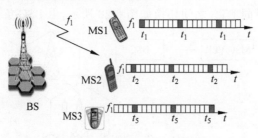

图 6-29 GSM 系统的传输方式

在移动通信中,多个移动用户要同时通过一个基站和其他移动用户进行通信,必须采用多址方式,使基站能从众多移动用户的信号中区分出是哪一个移动用户发来的信号,同时各个移动用户又能够识别出基站发出的信号中哪个是发给自己的。GSM 系统采用时分多址(TDMA)、频分多址(FDMA)和频分双工(FDD)制式。

1. 频道号和时隙

GSM 系统工作频段,上行(移动台发、基站收)频段为 890～915MHz,下行(基站发、移动台收)频段为 935～960MHz,收、发频率间隔为 45MHz,如图 6-30 所示。

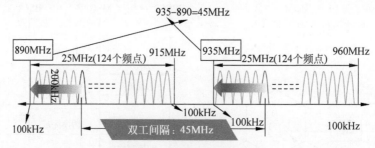

图 6-30 GSM 系统工作频段

考虑两边的防护带宽 2×100kHz,在 25MHz 的频段中共有频道数为

$$\frac{915\mathrm{MHz}-890\mathrm{MHz}-100\mathrm{kHz}\times 2}{200\mathrm{kHz}}=124$$

GSM 系统上频段序号为

$$f_1(n)=(890+0.2n)(\mathrm{MHz}) \tag{6-5}$$

下频段序号为

$$f_\mathrm{h}(n)=(935+0.2n)(\mathrm{MHz}) \tag{6-6}$$

式中:$n=1\sim 124$。例如 $n=1$,$f_1(1)=890.2\mathrm{MHz}$,$f_\mathrm{h}(1)=935.2\mathrm{MHz}$;其他序号的载频以此类推。

GSM 系统中的时隙是一个频域和时域两个维度上的概念,频域上是 200kHz,时域上是 0.577ms,下一次轮到这个用户说话间隔只要 $8 \times 0.577ms = 4.616(ms)$,这么短的时间,根本没有停顿的感觉,如图 6-31 所示。

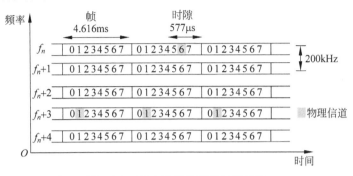

图 6-31　GSM 系统的帧和时隙长度

2. GSM 各时隙的功能

GSM 系统要运转,不能把 8 个时隙全用来打电话,一定要有时隙用来传递管理信息。GSM 把 7 个时隙(1~7 号时隙)用来承载业务,仅用一个时隙(0 号时隙)来管理整个系统。0 号时隙又称为广播控制信道(BCCH)时隙,因为这个时隙一个主要的工作就是广播系统消息,如图 6-32 所示。

手机是不知道它处在哪个基站下的,也不知道哪个基站的位置区号(LAI)、小区号(CGI)等信息,这些信息都需基站来告诉它。那么基站怎么来告诉手机这些信息?

GSM 的运行与收音机类似,这是 0 号时隙,也就是控制信道要做的事情。那么 GSM 是怎样实现的?

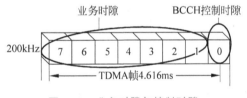

图 6-32　业务时隙与控制时隙

手机自动在整个 GSM 频段上搜索信号,直到它搜到一个"信号非常强的全 0 序列",就锁定了某个载频。用来锁定载频的信道,就是 GSM 的频率校正信道(FCCH)。

锁定频道之后,手机接下来就需要和 GSM 系统校准时间。GSM 系统是时分复用系统,时间不准整个系统就乱了。在 GSM 里面,用来同步的信道称为同步信道(SCH),这个信道会告知 TDMA 帧号,可以根据 TDMA 帧号来核算时间。

GSM 的 0 号时隙会说明这个小区还有哪些载频,哪些小区和它相邻,选择这个小区的一些规则以及本小区的手机上行最大发射功率。如果手机不知道这些参数,就没有办法完成接下来的工作。0 号时隙就是用来广播这些信息的信道,称为广播控制信道。

由此可见,在 0 号时隙已经有三种信道工作,分别是 FCCH、SCH、BCCH,就 1 个时隙,如何分配给这三种信道图 6-33 给予说明。

可见,FCCH、SCH、BCCH 的数量并不是相等的,因为 BCCH 包含的信息量要大,所以要占用的 TDMA 帧。一般而言,紧随 FCCH 和 SCH 的 BCCH 块要占用连续的 4 个 TDMA 帧。到这里,也就可以一步步地画出 0 号时隙的 TDMA 帧结构,如图 6-34 所示。

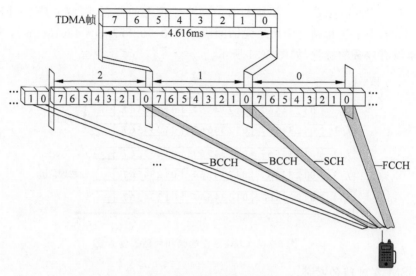

图 6-33 下行 0 号时隙的工作分配

下行0号时隙TDMA帧结构					
FCCH	SCH	BCCH	BCCH	BCCH	BCCH

图 6-34 下行 0 号时隙的帧结构(一)

现在手机与 GSM 网络取得了频率和时间上的同步,也从 BCCH 接收了参数。它并不是从 0 号时隙挪开转到其他时隙上去打电话,想转到其他时隙上去打电话,必须先跟网络提出申请,其原因:一是资源不够用;二是怕和其他手机有冲突。

申请时隙资源如图 6-35 所示。手机申请资源,自然就是手机在上行信道发射申请信号,那么手机应该在上行信道的几号时隙来发送接入申请?

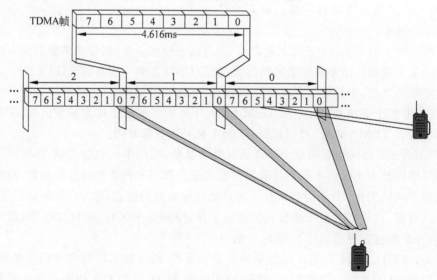

图 6-35 申请时隙资源

因为 GSM 中上、下行是对称的,下行的 1~7 号时隙用来承载业务,0 号时隙用来管理控制,那么上行自然也是 1~7 号时隙用来承载业务,0 号时隙用来管理控制,所以手机在上行的 0 号时隙来提出接入申请,占用这个时隙的称为随机接入信道(RACH)。

手机通过上行信道的 0 号时隙发送了接入申请后,基站也通过下行信道的 0 号时隙发送接入允许信息,这个信息通过允许接入信道(AGCH)发送。这个信道占用的也是下行信道的 0 号时隙,因此,图 6-34 又做了修改,加入了 AGCH 信道,如图 6-36 所示。

下行0号时隙TDMA帧结构											
FCCH	SCH	BCCH	BCCH	BCCH	BCCH	AGCH	AGCH	AGCH	AGCH	FCCH	SCH

图 6-36 下行 0 号时隙的帧结构(二)

FCCH 和 SCH 在 TDMA 帧结构中是重复出现的,那是因为 FCCH 和 SCH 是 GSM 系统频率和时间的基准,需要循环往复地播报,确保手机和基站保持频率和时间同步。

6.3 移动环境下的电磁信号传播

移动台与基站之间是以无线电波作为载波的信息传输,它是现代通信系统中最重要的信道,下面介绍移动环境下电磁信号的传播特点。

在无线通信中,接收信号的电平值称为场强;达到 50% 概率的场强值称为场强中值;衰落是指信道的变化导致接收信号的电平值发生随机变化的现象;接收信号电平低于场强中值的分贝数称为衰落深度。

移动信道是最复杂的一种通信信道,有线信道信传输波动一般为 1~2dB,而移动通信信道衰落深度可达 30dB。在城市环境中,一辆快速行驶车辆上的移动台,其接收信号在 1s 内的衰落可达数十次。

移动信道的衰落取决于无线电波传播环境,下面讨论电波传播环境。

6.3.1 地形

地形不同,电波特性就不相同,需要考虑传播路径中的地形变形度量以及地形起伏区域中的天线高度两个问题。

1. 地形波动

地形波动高度 Δh 描述电波传播路径中地形变化的程度,定义为沿通信方向,距接收地点 10km 范围内,10% 高度线和 90% 高度线之高度差,如图 6-37 所示。

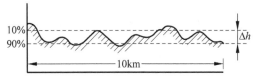

图 6-37 地形波动高度

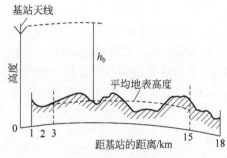

图 6-38　基站天线高度计算

2．天线高度

移动台天线有效高度为移动台天线距地面的实际高度。基站天线有效高度 h_b 为沿电波传播方向,距基站天线 3～15km 的范围内平均地面高度以上的天线高度,如图 6-38 所示。

3．地形分类

从电波传播的角度考虑,可将千差万别的实际地形分为准平坦地形和不规则地形。准平坦地形是指该地区的地形波动高度在 20m 以内,而且起伏缓慢。不规则地形是指除准平坦地形之外的其他地形。不规则地形按其形态,又可分为若干类,如丘陵地形、孤立山岳、倾斜地形和水陆混合地形等。

各类地形的地面波动高度如表 6-3 所示。

表 6-3　各类地形的地面波动高度

地　　形	$\Delta h/m$
水平或非常平坦地形	0～5
平坦地形	5～10
准平坦地形	10～20
小土岗式起伏地形	20～40
丘陵地形	40～80
小山区	80～150
山区	150～300
陡峭山区	300～700
特别陡峭山区	>700

视频

6.3.2　传播环境

除地形条件外,电波传播还受建筑物和植被等地物状况的影响。根据建筑物和植被状况,传播环境可分为四类:

1．开阔地区

在电波传播方向上无建筑物或树木等障碍的开阔地区(图 6-39)。平原地区的农村属于开阔地区。

2．郊区

在移动台附近有些障碍物,但稠密建筑物多为平房和二层楼房。城市外围以及公路网可视为郊区,如图 6-40 所示。

3．中小城市地区

中小城市地区(图 6-41)的建筑物较多,可有高层建筑,但数量较少,街道也比较宽。

4．大城市地区

大城市地区(图 6-42)建筑物密集,街道较窄,高层建筑较多。

图 6-39　开阔地区

图 6-40　郊区

图 6-41　中小城市地区

图 6-42　大城市地区

视频

6.3.3　电磁信号传播的效应

电波在不同环境中传播会引起的不同的效应。

1. 阴影效应

在电波传播过程中,遇到起伏的地形、建筑物,尤其是高大树木和树叶的遮挡,会在传播接收区域上形成半盲区,产生电磁场的阴影。阴影随移动台位置的不断变化也将变化,从而引起接收信号场强中值的变化。这称为阴影效应,如图 6-43 所示。

2. 远近效应

由于用户随机移动,用户与基站间的距离也随机变化。若移动台的发射功率相同,则基站从近的用户接收的信号会很强,从远处用户接收的信号会很弱,离基站近的用户信号会对远处的用户信号形

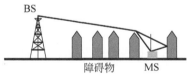

图 6-43　阴影效应

成强的干扰。这称为远近效应,如图 6-44 所示。由于 CDMA 系统是自干扰系统,许多用户共用同一频段,远近效应问题更加突出,要克服远近效应,必须采用功率控制技术。

3. 多普勒效应

多普勒效应是指移动台高速运动而使接收信号在传播频率上产生扩散的现象(图 6-45)。其特性可用下述公式来描述:

$$f_a = \frac{v}{\lambda}\cos\theta \tag{6-7}$$

式中：v 为移动台的相对速度，λ 为无线信号波长，θ 为电波入射角，f_a 为信号频移。式(6-7)表明，移动速度越快，入射角越小，多普勒效应就越明显。

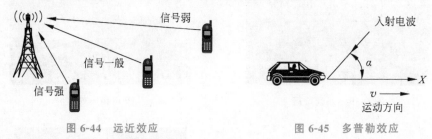

图 6-44　远近效应　　　　　　　　　　　　　图 6-45　多普勒效应

多普勒效应会引起时间选择性衰落。时间选择性衰落是指移动台相对速度的变化引起的频移也随之变化，这时即使没有多径信号，接收到的同一路信号的强度也会随时间而不断变化。采用交织编码技术可以克服时间选择性衰落。

4. 多径效应

无线电波在传输过程中会受到地形、地物的反射、绕射、散射等，从而使电波沿着不同的路径传播。多径传播使部分电波到不了接收端，而接收端接收到的信号也是在频率、幅度、相位和到达时间上不尽相同，因而会产生时延扩展和频率选择性衰落等现象，称为多径效应，如图 6-46 所示。

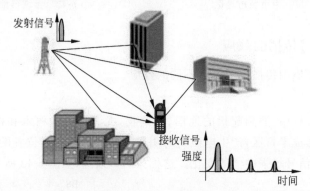

图 6-46　多径效应

时延扩展是指发射端一幅度为 α_0 的较窄的脉冲信号：

$$s_0(t) = \alpha_0 \delta(\tau) \tag{6-8}$$

由于多径传播，在到达接收端时变成了许多不同时延 τ_i 和幅度 a_i 的脉冲，它们构成的接收信号是一个很宽的信号，即引起接收信号脉冲宽度的扩展，如图 6-47 所示。

$$s(t) = \alpha_0 \sum_{i=1}^{N} a_i \delta(\tau - \tau_i) e^{jwt} \tag{6-9}$$

时延扩展可直观地理解为在一串接收脉冲中最后一个可分辨的延时信号与第一个延时信号到达时间的差值，记为 Δ。实际上，Δ 就是脉冲展宽的时间。不同环境的时延扩展如表 6-4 所示。

图 6-47 时延扩展

表 6-4 不同环境的时延扩展

环　　　境	时延扩展
住宅	$<50ns$
办公室	$\approx100ns$
工厂	$200\sim300ns$
郊区	$<10\mu s$

频率选择性衰落是指传输信号中各分量的衰落状况与频率有关,即传输信道对信号中不同频率成分有不同的随机响应。

如图 6-48 所示的**两径传输**,其频率响应为

$$|H(\omega)|=\left|\frac{R(\omega)}{S(\omega)}\right|=2A\left|\cos\left(\frac{\omega\tau}{2}\right)\right| \tag{6-10}$$

如图 6-49 所示,横坐标是频率,纵坐标是输出对输入的响应,可见,由于多径,衰落谷点将因频率不同而发生在不同的地点。这就是频率选择性衰落。若在呼叫期间,让载波频率在几个频率上变化,并假定只在一个频率上有一衰落谷点,则仅会损失呼叫的一小部分。

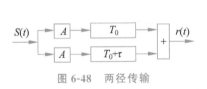

图 6-48 两径传输

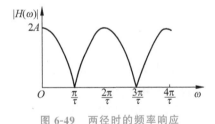

图 6-49 两径时的频率响应

正是因为移动信道复杂的衰落特性,移动通信必然需要高质量的信道编码技术来克服这种问题。

6.4 Polar 码

6.4.1 Polar 码概述

1. Polar 码的历史

2008 年,Erdal Arikan 在国际信息论会议上提出了信道极化的概念。2009 年在 *IEEE Transaction on Information Theory* 上发表了文章,详细阐述了信道极化,并基于信道极化给出了一种新的编码方式,称为极化码(Polar Code)。

极化码具有确定的构造方法,并且是已知的唯一能够被严格证明"达到"香农限的编码方法。

2. Polar 码的特点

(1)只要给定编码长度,极化码的编译码结构就唯一确定,而且可以通过生成矩阵的形式完成编码过程,这一点和代数编码的思维一致。

(2)不考虑最小距离特性,利用信道联合与信道分裂来选择具体的编码方案,译码时采用概率算法,符合概率编码的思想。

6.4.2 信道极化

在二进制离散无记忆信道(BDMC)中,信道极化包含信道组合和信道分离两个过程,本质上是对信道做等效变换,将独立同性质的信道合并成一个信道,然后根据转移概率拆分组合后的信道。

1. 信道组合

BDMC 表示为 $W: X \rightarrow Y$,其中 X、Y 分别表示输入信号 x 和输出信号 y 的集合,且 $x=\{0,1\}$,信道转移函数表示为 $W(y|x)$。信道的组合通过递归的形式实现,初始状态为 $n=0$,信道 $W_1 = W$ 输入单个符号 x,此时开始第一次递归,对两个相同且独立的信道 W_1 合并,得到一个二维组合信道 $W_2: x^2 \rightarrow y^2$,结构如图 6-50 所示。

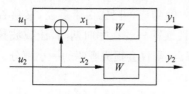

图 6-50 二维组合信道

由图 6-50 可知,输入的信息比特为 u_1、u_2,信道输入为 $x_1 = u_1 \oplus u_2$,$x_2 = u_2$,"$\oplus$"表示模二和。它们之间的变换可表示为

$$[x_1, x_2] = [u_1, u_2] \begin{bmatrix} 1 & 0 \\ 1 & 1 \end{bmatrix} = [u_1, u_2] \boldsymbol{G}_2 \quad (6\text{-}11)$$

式(6-11)表明,复合信道 W_2 的输入 $\boldsymbol{u}_1^2$ 与原始信道 W^2 的输入 $\boldsymbol{x}_1^2$ 之间的映射关系为 $\boldsymbol{x}_1^2 = \boldsymbol{u}_1^2 \boldsymbol{G}_2$,其中,$\boldsymbol{x}_1^2$ 和 $\boldsymbol{u}_1^2$ 表示 2 个输入变量的集合向量,$\boldsymbol{G}_2$ 为码长为 2 的生成矩阵。由此,信道 W_2 的转移概率为

$$\begin{aligned} W_2(\boldsymbol{y}_1^2 \mid \boldsymbol{u}_1^2) &= W_2(y_1, y_2 \mid u_1, u_2) \\ &= W(y_1 \mid u_1 \oplus u_2) W(y_2 \mid u_2) \\ &= W^2(\boldsymbol{y}_1^2 \mid \boldsymbol{u}_1^2 \boldsymbol{G}_2) \end{aligned} \quad (6\text{-}12)$$

第二次递归同样对两个相同且独立的信道 W_2 进行合并,得到四维组合信道 $W_4: \boldsymbol{x}^4 \rightarrow \boldsymbol{y}^4$,第二次递归的结构如图 6-51 所示。

信息比特为 u_1、u_2、u_3、u_4,信道输入表示为 $x_1 = u_1 \oplus u_2 \oplus u_3 \oplus u_4$,$x_2 = u_3 \oplus u_4$,$x_3 = u_2 \oplus u_4$,$x_4 = u_4$。它们之间的变换可表示为

$$[x_1, x_2, x_3, x_4] = [u_1, u_2, u_3, u_4] \begin{bmatrix} 1 & 0 & 0 & 0 \\ 1 & 0 & 1 & 0 \\ 1 & 1 & 0 & 0 \\ 1 & 1 & 1 & 1 \end{bmatrix} = [u_1, u_2, u_3, u_4] \boldsymbol{G}_4 \quad (6\text{-}13)$$

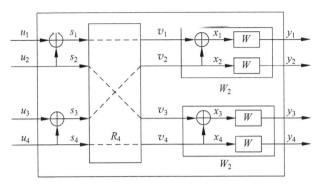

图 6-51　四维组合信道

同样,复合信道 W_4 的输入 $\boldsymbol{u}_1^4$ 与原始信道 W^4 的输入 $\boldsymbol{x}_1^4$ 之间的映射关系为 $\boldsymbol{x}_1^4 = \boldsymbol{u}_1^4 \boldsymbol{G}_4$,其中生成矩阵 $\boldsymbol{G}_4$ 表示为

$$\boldsymbol{G}_4 = \begin{bmatrix} 1 & 0 & 0 & 0 \\ 1 & 0 & 1 & 0 \\ 1 & 1 & 0 & 0 \\ 1 & 1 & 1 & 1 \end{bmatrix} \tag{6-14}$$

因此,信道 W_4 的转移概率为

$$\begin{aligned} W_4(\boldsymbol{y}_1^4 \mid \boldsymbol{u}_1^4) &= W_2(y_1, y_2 \mid u_1 \oplus u_2, u_3 \oplus u_4) W_2(y_3, y_4 \mid u_2, u_4) \\ &= W(y_1 \mid u_1 \oplus u_2 \oplus u_3 \oplus u_4) W(y_2 \mid u_3 \oplus u_4) W(y_3 \mid u_2 \oplus u_4) W(y_4 \mid u_4) \\ &= W^4(\boldsymbol{y}_1^4 \mid \boldsymbol{u}_1^4 \boldsymbol{G}_4) \end{aligned} \tag{6-15}$$

如图 6-52 所示,N 维信道组合可以描述为,向量 $\boldsymbol{u}_1^N = (u_1, u_2, u_3, \cdots, u_N)$ 输入组合信道 W_N,首先经过模二和运算转换为 $\boldsymbol{s}_1^N$,然后经过奇偶排序矩阵的作用变为 $\boldsymbol{v}_1^N$,得到两个 $W_{N/2}$ 信道的输入,经过 n 次递归,最后输出 $\boldsymbol{y}_1^N$。

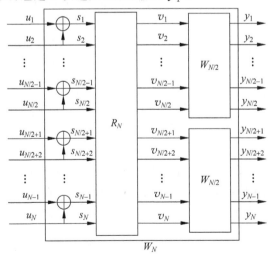

图 6-52　N 维组合信道

2. 信道分离

如图 6-53 所示,经过信道组合后,N 个相互独立的信道 W 变换成一个组合信道 W_N;而为了完成信道极化,依据转移概率,再把组合信道分离成 N 个相互独立的极化信道 $W_N^{(i)}$。

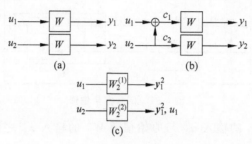

图 6-53   两个信道组合与分离

以两个相互独立的 BDMC 经过信道组合再拆分成两个独立的信道 $W_2^{(1)}(\boldsymbol{y}_1^2 \mid u_1)$、$W_2^{(2)}(\boldsymbol{y}_1^2, u_1 \mid u_2)$ 为例,整个过程表示为 $(W, W) \to (W_2^{(1)}, W_2^{(2)})$。

$$W_2^{(1)}(\boldsymbol{y}_1^2 \mid u_1) \overset{\Lambda}{=\!=\!=} \sum_{u_2} \frac{1}{2} W_2(\boldsymbol{y}_1^2 \mid u_1^2)$$

$$= \sum_{u_2} \frac{1}{2} W(y_1 \mid u_1 \oplus u_2) W(y_2 \mid u_2) \tag{6-16}$$

$$W_2^{(2)}(\boldsymbol{y}_1^2, u_1 \mid u_2) \overset{\Lambda}{=\!=\!=} \frac{1}{2} W_2(\boldsymbol{y}_1^2 \mid u_1^2)$$

$$= \frac{1}{2} W(y_1 \mid u_1 \oplus u_2) W(y_2 \mid u_2) \tag{6-17}$$

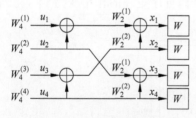

图 6-54   4 个信道组合与分离

长度 $N = 2^n$ 的极化码是长度为 2 的极化码的拓展。长度为 4 的极化码的极化过程如图 6-54 所示,(u_1, u_2, u_3, u_4) 是信源比特,(x_1, x_2, x_3, x_4) 是码字比特。编码过程从左往右看,极化过程从右往左看。

当 $N = 2$ 时,极化过程可以表示为 $(W, W) \to (W_2^{(1)}, W_2^{(2)})$;当 $N = 4$ 时,$(W_2^{(1)}, W_2^{(1)}) \to (W_4^{(1)}, W_4^{(2)})$,$(W_2^{(2)}, W_2^{(2)}) \to (W_4^{(3)}, W_4^{(4)})$;那么,一个长度为 8 的极化码的极化过程如图 6-55 所示,$(u_1, u_2, \cdots, u_8)$ 是信源比特,$(x_1, x_2, \cdots, x_8)$ 是码字比特。

$N = 8$ 信道的拆分如图 6-56 所示。一般来讲,$(W_N^{(i)}, W_N^{(i)}) \to (W_{2N}^{(2i-1)}, W_{2N}^{(2i)})$,其中 $W_N^{(i)}$ 是长度为 N 的极化码的第 i 个极化信道,而 $W_{2N}^{(2i-1)}$ 和 $W_{2N}^{(2i)}$ 是长度为 $2N$ 的极化码的第 $2i-1$ 和 $2i$ 个极化信道。

$$W_{2N}^{(2i-1)}(\boldsymbol{y}_1^{2N}, \boldsymbol{u}_1^{2i-2} \mid u_{2i-1})$$

$$= \sum_{u_{2i}} \frac{1}{2} W_N^{(i)}(\boldsymbol{y}_1^N, \boldsymbol{u}_{1,o}^{2i-2} \oplus \boldsymbol{u}_{1,e}^{2i-2} \mid u_{2i-1} \oplus u_{2i}) \cdot W_N^{(i)}(\boldsymbol{y}_{N+1}^{2N}, \boldsymbol{u}_{1,e}^{2i-2} \mid u_{2i}) \tag{6-18}$$

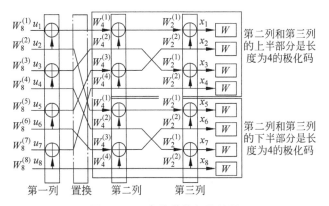

图 6-55　8 个信道的极化过程

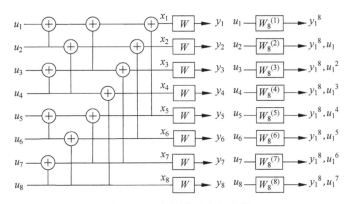

图 6-56　8 个信道组合与分离

$$W_{2N}^{(2i)}(\boldsymbol{y}_1^{2N},\boldsymbol{u}_1^{2i-1}\mid u_{2i})$$

$$=\frac{1}{2}W_N^{(i)}(\boldsymbol{y}_1^N,\boldsymbol{u}_{1,o}^{2i-2}\oplus\boldsymbol{u}_{1,e}^{2i-2}\mid u_{2i-1}\oplus u_{2i})\cdot W_N^{(i)}(\boldsymbol{y}_{N+1}^{2N},\boldsymbol{u}_{1,e}^{2i-2}\mid u_{2i}) \tag{6-19}$$

式中：$\boldsymbol{u}_{1,o}^{2i-2}$ 表示 $\boldsymbol{u}_1^{2i-2}$ 中索引为奇数的元素；$\boldsymbol{u}_{1,e}^{2i-2}$ 表示 $\boldsymbol{u}_1^{2i-2}$ 中索引为偶数的元素；$\boldsymbol{u}_{1,o}^{2i-2}\oplus\boldsymbol{u}_{1,e}^{2i-2}$ 表示向量逐位模二加法。

3. 信道极化定理

信道经过组合和分离后，已经具有了极化现象。信道极化定理可以表示为，对于任何 BDMC，存在一个固定的 $\delta\in(0,1)$，当 N 以 2^n 趋近于无穷时，信道容量 $I(W_N^{(i)})$ 以 $(1-\delta,1]$ 的比例趋近于 $I(W)$，以 $[0,\delta)$ 的比例趋近于 $1-I(W)$。$I(W)$ 表示 BDMC 的对称信道容量，定义如下：

$$I(W)\overset{\Lambda}{=\!=\!=}\sum_{y\in Y}\sum_{x\in X}\frac{1}{2}W(y\mid x)\log\frac{W(y\mid x)}{\frac{1}{2}W(y\mid 0)+\frac{1}{2}W(y\mid 1)}$$

6.4.3　Polar 码编码

原本相互独立的信道经过信道极化后，各信道的容量呈现极化分布的状态，Polar 码编码正是利用了信道极化现象。容量较高的极化信道传输数据的出错概率较低,因此,可在容量较高的极化信道上传输信息比特,在容量较低的极化信道上传输收发双方已知的冻结比特。

对长度为 K 的信息序列进行编码,首先通过信道极化过程获得 $N=2^n (n \geqslant 0)$ 个极化信道,并对 N 个极化信道的可靠程度进行计算和排序,选择最可靠的 K 个极化信道传输 K 个信息比特,剩余的 $N-K$ 个极化信道传输冻结比特,通常采用全零序列。其中,在选择最可靠的 K 个极化信道时使用的方法有计算巴氏参数、密度进化、高斯近似。

将编码所需要的参数表示为 (N, K, A, A^c),A 为集合 $\{0, 1, \cdots, N-1\}$ 内的任意子集,表示用于传输信息的极化信道序号,A^c 表示用于传输冻结比特的极化信道序号。u_A、u_{A^c} 分别表示信息比特和冻结比特,共同构成信道输入序列 $\boldsymbol{u}_1^N$,通过生成矩阵 $\boldsymbol{G}_N$ 编码得到编码序列 $\boldsymbol{x}_1^N$,表示为

$$\boldsymbol{x}_1^N = \boldsymbol{u}_1^N \boldsymbol{G}_N = u_A \boldsymbol{G}_N \tag{6-20}$$

【例 6-2】 已知编码参数为 $(4, 2, \{3, 4\}, \{1, 2\})$,信息比特位 $\{1, 1\}$,请进行 Polar 码编码。

解:码长为 4,信息比特为 2,传输信息比特和冻结比特的信道分别为第 3、4 个和第 1、2 个信道,信息比特和冻结比特分别为 $\{1, 1\}$ 和 $\{0, 0\}$,因此对应的生成矩阵和编码序列分别为

$$G_4 = \begin{vmatrix} 1 & 0 & 0 & 0 \\ 1 & 0 & 1 & 0 \\ 1 & 1 & 0 & 0 \\ 1 & 1 & 1 & 1 \end{vmatrix}$$

$$\boldsymbol{x}_1^4 = \boldsymbol{u}_1^4 \boldsymbol{G}_4 = \begin{bmatrix} 0 & 0 & 1 & 1 \end{bmatrix} \begin{bmatrix} 1 & 0 & 0 & 0 \\ 1 & 0 & 1 & 0 \\ 1 & 1 & 0 & 0 \\ 1 & 1 & 1 & 1 \end{bmatrix} = \begin{bmatrix} 0 & 0 & 1 & 1 \end{bmatrix}$$

编码得到的序列为

$$\boldsymbol{x}_1^4 = \begin{bmatrix} 0 & 0 & 1 & 1 \end{bmatrix}$$

6.4.4 Polar 码的 SC 译码算法

由信道转移概率函数可知,各极化信道具有确定的依赖关系,信道序号大的极化信道依赖于所有比其序号小的极化信道。基于这一关系,串行抵消(SC)译码算法对各个比特进行译码判决时,假设之前的译码结果都正确。正是在这种译码算法下,极化码被证明信道容量可达。

因此,对极化码而言,最合适的译码算法是基于 SC 译码,只有它才能充分利用极化码结构,保证在码长足够长时容量可达。

确定了 Polar 码的编码参数 (N, K, A, A^c) 后,可将信道输入序列 $\boldsymbol{u}_1^N$ 通过生成矩阵 $\boldsymbol{G}_N$ 编码得到编码序列 $\boldsymbol{x}_1^N$,经过极化信道后得到接收序列 $\boldsymbol{y}_1^N$。由于信道可靠性较差的

后 $N-K$ 个信道传输的是收发双方均已知的冻结比特,接收方不需要对其判决,译码工作集中对信息比特的解码,得到其估计值 $\hat{u}_i$。

在接收端一侧,估计第 i 个极化信道 $W_N^{(i)}$ 上传输的信息比特 u_i 时,使用接收端接收到的信号 $\boldsymbol{y}_1^N$、前 $i-1$ 个极化信道的估计值 $\hat{\boldsymbol{u}}_1^{i-1}$ 来逐比特求得 N 个似然值,得到估计比特 $\hat{u}_i$,并将当前得到的估计序列作为已知信息去判断下一个比特。此过程体现了各个比特译码时的相关性,称作 SC 译码算法,表示为

$$\hat{u}_i = \begin{cases} u_i, & i \in A^c \\ h(\boldsymbol{y}_1^N, \hat{\boldsymbol{u}}_1^{i-1}), & i \in A \end{cases} \tag{6-21}$$

式中:$\hat{u}_i$ 表示估计得到的比特。

当 $i \in A^c$ 时,收发双方已知,$\hat{u}_i$ 直接判决为 u_i 本身,当 $i \in A$ 时,判决准则根据以下公式:

$$h_i(\boldsymbol{y}_1^N, \hat{\boldsymbol{u}}_1^{i-1}) = \begin{cases} 0, & L_N^{(i)}(\boldsymbol{y}_1^N, \hat{\boldsymbol{u}}_1^{i-1}) \geqslant 0 \\ 1, & L_N^{(i)}(\boldsymbol{y}_1^N, \hat{\boldsymbol{u}}_1^{i-1}) < 0 \end{cases} \tag{6-22}$$

对数似然比(LLR)为

$$L_N^{(i)}(\boldsymbol{y}_1^N, \hat{\boldsymbol{u}}_1^{i-1}) = \ln\left(\frac{W_N^{(i)}(\boldsymbol{y}_1^N, \hat{\boldsymbol{u}}_1^{i-1} \mid 0)}{W_N^{(i)}(\boldsymbol{y}_1^N, \hat{\boldsymbol{u}}_1^{i-1} \mid 1)}\right) \tag{6-23}$$

LLR 的计算可通过以下递归来完成。定义函数 f 和 g:

$$f(a, b) = \ln\left(\frac{1 + e^{a+b}}{e^a + e^b}\right) \tag{6-24}$$

$$g(a, b, u_s) = (-1)^{u_s} a + b \tag{6-25}$$

式中:$a, b \in \mathbf{R}, u_s \in \{0, 1\}$。

LLR 的递归运算如下:

$$L_N^{(2i-1)}(\boldsymbol{y}_1^N, \hat{\boldsymbol{u}}_1^{2i-2}) = f(L_{N/2}^{(i)}(\boldsymbol{y}_1^{N/2}, \hat{\boldsymbol{u}}_{1,o}^{2i-2} \oplus \hat{\boldsymbol{u}}_{1,e}^{2i-2}), L_{N/2}^{(i)}(\boldsymbol{y}_{N/2}^N, \hat{\boldsymbol{u}}_{1,e}^{2i-2})) \tag{6-26}$$

$$L_N^{(2i)}(\boldsymbol{y}_1^N, \hat{\boldsymbol{u}}_1^{2i-1}) = g(L_{N/2}^{(i)}(\boldsymbol{y}_1^{N/2}, \hat{\boldsymbol{u}}_{1,o}^{2i-2} \oplus \hat{\boldsymbol{u}}_{1,e}^{2i-2}), L_{N/2}^{(i)}(\boldsymbol{y}_{N/2}^N, \hat{\boldsymbol{u}}_{1,e}^{2i-2}), \hat{\boldsymbol{u}}^{2i-1}) \tag{6-27}$$

递归的终止条件为 $N=1$ 时,即到达了信道的 W 端,此时有

$$L_1^{(1)}(y_j) = \ln\frac{W(y_j \mid 0)}{W(y_j \mid 1)} \tag{6-28}$$

引入高斯近似法,接收符号 y 的对数似然比为

$$L(y) = \ln\frac{p(y \mid 0)}{p(y \mid 1)} = \frac{2y}{\sigma^2} \tag{6-29}$$

式中:y 为接收符号;σ^2 为噪声方差。

【例 6-3】 码长 $N=4$,消息比特 $K=3$ 的极化码,如图 6-57 所示,u_1 为冻结比特并设定为零值,而消息比特也设为零,最右端的 $L_1^{(1)}(y_j)$ 表示接收自信道的对数似然比。采用 SC 算法如何进行译码?

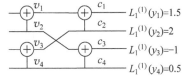

图 6-57 长度为 4 的极化码(一)

解：对 u_1 进行译码。

欲计算 u_1 的对数似然比 $L_4^{(1)}(y_1^4)$，

先计算 $L_2^{(1)}(y_1^2)$ 和 $L_2^{(1)}(y_3^4)$ 的值，其中：

$$L_2^{(1)}(y_1^2) = f(L_1^{(1)}(y_1), L_1^{(1)}(y_2)) = \ln\left(\frac{1+e^{1.5+2}}{e^{1.5}+e^{0.5}}\right) = 1.06$$

$$L_2^{(1)}(y_3^4) = f(L_1^{(1)}(y_3), L_1^{(1)}(y_4)) = \ln\left(\frac{1+e^{-1+0.5}}{e^{-1}+e^{0.5}}\right) = -0.23$$

则有

$$L_4^{(1)}(y_1^4) = f(L_2^{(1)}(y_1^2), L_2^{(1)}(y_3^4)) = \ln\left(\frac{1+e^{1.06-0.23}}{e^{1.06}+e^{-0.23}}\right) = -0.11$$

如图 6-58 所示，虽然 $L_4^{(1)}(y_1^4) < 0$，但由于 u_1 是冻结比特，依然将 u_1 判决为 $\hat{u}_1 = 0$。

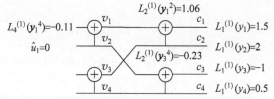

图 6-58　长度为 4 的极化码（一）

对 u_2 进行译码：

计算对数似然比 $L_4^{(2)}(\mathbf{y}_1^4, \hat{u}_1)$：

$$L_4^{(2)}(\mathbf{y}_1^4, \hat{u}_1) = g(L_2^{(1)}(\mathbf{y}_1^2), L_2^{(1)}(\mathbf{y}_3^4), \hat{u}_1) = (-1)^{\hat{u}_1} L_2^{(1)}(\mathbf{y}_1^2) + L_2^{(1)}(\mathbf{y}_3^4)$$

$$= (-1)^0 \times 1.06 + (-0.23) = 0.83$$

如图 6-59 所示，由于 u_2 是消息比特，且 $L_4^{(2)}(\mathbf{y}_1^4, \hat{u}_i) > 0$，因此判决 $\hat{u}_2 = 0$，此处为正确译码。

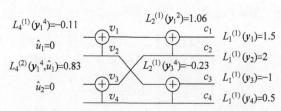

图 6-59　长度为 4 的极化码（三）

对 u_3 进行译码：

计算对数似然比 $L_4^{(2)}(\mathbf{y}_1^4, \hat{u}_1^2)$：

$$L_4^{(3)}(\mathbf{y}_1^4, \hat{u}_1^2) = f(L_2^{(2)}(\mathbf{y}_1^2, \hat{u}_1 \oplus \hat{u}_2), L_2^{(2)}(\mathbf{y}_3^4, \hat{u}_2))$$

首先计算出 $L_2^{(2)}(\mathbf{y}_1^2, \hat{u}_1 \oplus \hat{u}_2)$ 和 $L_2^{(2)}(\mathbf{y}_3^4, \hat{u}_2)$ 的值，其中：

$$L_2^{(2)}(\mathbf{y}_1^2, \hat{u}_1 \oplus \hat{u}_2) = (-1)^{\hat{u}_1 \oplus \hat{u}_2} L_1^{(1)}(y_1) + L_1^{(1)}(y_2) = (-1)^0 \times 1.5 + 2 = 3.5$$

$$L_2^{(2)}(\boldsymbol{y}_3^4, \hat{u}_2) = (-1)^{\hat{u}_2} L_1^{(1)}(y_3) + L_1^{(1)}(y_4) = (-1)^0 \times (-1) + 0.5 = -0.5$$

则有

$$L_4^{(3)}(\boldsymbol{y}_1^4) = f(3.5, -0.5) = -0.47$$

如图 6-60 所示,由于 $L_4^{(3)}(\boldsymbol{y}_1^4, \hat{u}_1^2) < 0$,判决为 $\hat{u}_3 = 1$,此处发生译码错误。

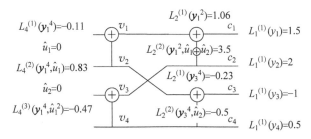

图 6-60 长度为 4 的极化码(四)

对 $u4$ 进行译码:

计算对数似然比 $L_4^{(4)}(\boldsymbol{y}_1^4, \hat{u}_1^3)$:

$$L_4^{(4)}(\boldsymbol{y}_1^4, \hat{u}_1^3) = (-1)^{\hat{u}_3} L_2^{(2)}(\boldsymbol{y}_1^2, \hat{u}_1 \oplus \hat{u}_2) + L_2^{(1)}(\boldsymbol{y}_3^4, \hat{u}_2) = (-1)^0 \times 3.5 + (-0.5) = -4$$

如图 6-61 所示,由于 $L_4^{(4)}(\boldsymbol{y}_1^4, \hat{u}_1^3) < 0$,因此判决 $\hat{u}_4 = 1$,此处发生译码错误。

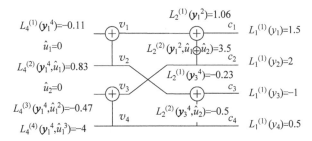

图 6-61 长度为 4 的极化码(五)

SC 译码算法以 LLR 为判决准则,对每一个比特进行硬判决,按比特序号从小到大的顺序依次判决译码。当码长趋于无穷时,由于各个分裂信道接近完全极化(其信道容量为 0 或 1),每个消息比特都会获得正确的译码结果,可以在理论上使得极化码达到信道的对称容量 $I(W)$。

SC 译码器的复杂度仅为 $O(N\log N)$,和码长呈近似线性的关系。

对于长度为 $N = 2^n$(n 为任意正整数)的极化码,它利用信道 W 的 N 个独立副本,进行信道联合和信道分裂,得到新的 N 个分裂后的信道 $\{W_N^{(1)}, W_N^{(2)}, \cdots, W_N^{(N)}\}$。随着码长 N 的增加,分裂之后的信道向两个极端发展:一部分分裂信道会趋于完美信道,即信道容量趋于 1 的无噪信道;另一部分分裂信道会趋于完全噪声信道,即信道容量趋于 0 的信道。假设原信道 W 的二进制输入对称容量记为 $I(W)$,那么当码长 N 趋于无穷大时,信道容量趋于 1 的分裂信道比例 $K = N \times I(W)$,而信道容量趋于 0 的分裂信道比例 $K \approx N \times (l - I(W))$。对于信道容量为 1 的可靠信道,可以直接放置消息比特而不采用任何编码,即相当于编码速度 $R = 1$;而对于信道容量为 0 的不可靠信道,可以放置发送端和接收端都事先已知的冻结比特,即相当于编码速度 $R = 0$。那么当码长 N 趋于无穷大时,极化码的可达编码速率 $R = N \times I(W)/N = I(W)$,即在理论上,可以被证明极化码是可达信道容量的。

极化码是一种新型编码方式,华为公司对其进行了大量工程的研究。对极化码试验样机在静止和移动场景下的性能测试表明,针对短码长和长码长两种场景,在相同信道条件下,相对于 Turbo 码,可以获得 0.3~0.6dB 的误包率性能增益;另外,还将极化码与高频段通信相结合,实现了 20Gb/s 以上的数据传输速率。

视频

6.5　正交频分复用技术

以前讨论的各种调制系统都是采用单一正弦型载波,单载波传输是每个用户在任何时候都利用单一载波进行发送和接收数据,而多载波传输是每个用户可以同时利用多个载波进行发送和接收数据,如图 6-62 所示。随着数据传输速率的增加,已调信号的带宽也越来越宽,信道在较宽的频带上很难保持理想的传输特性,采用多载波传输可解决这个问题。正交频分复用(OFDM)是多载波传输的一种。

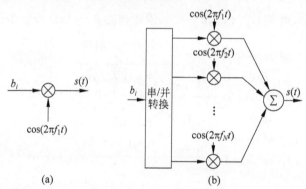

图 6-62　单载波传输和多载波传输

6.5.1　正交频分复用概念

正交频分复用是把信道分成若干正交子信道,将高速数据信号转换成并行的低速子数据流调制到在每个子信道上进行传输,如图 6-63 所示。

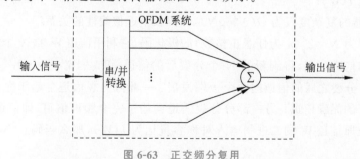

图 6-63　正交频分复用

OFDM 技术是一种多载波传输技术,将可用频谱分成多个子载波,每个子载波用一路低速数据进行调制,OFDM 既可以看作一种调制技术,也可以看作一种复用技术。

OFDM 在无线通信领域得到重视,数据传输速率高,能有效对抗频率选择性衰落。

6.5.2 子载波的正交特性

对于任意两个函数 $S_1(t)$ 和 $S_2(t)$,若有

$$\int_0^T S_1(t)S_2^*(t)\mathrm{d}t = 0 \tag{6-30}$$

式中:$S_2^*(t)$ 是 $S_2(t)$ 的复共轭,则函数 $S_1(t)$ 和 $S_2(t)$ 在区间 $(0,T)$ 上正交。

载波信号可表示为

$$C_m(t) = \mathrm{e}^{\mathrm{i}2\pi f_m t}, \quad C_n(t) = \mathrm{e}^{\mathrm{i}2\pi f_n t} \tag{6-31}$$

按照复共轭的定义,$C_m(t)C_n(t)^* = \mathrm{e}^{\mathrm{j}2\pi(f_n-f_m)t}$,因此有

$$\int_0^T C_m(t)C_n(t)^*\,\mathrm{d}t = \int_0^T \mathrm{e}^{\mathrm{j}2\pi(f_n-f_m)t}\,\mathrm{d}t = T\mathrm{e}^{\mathrm{j}\pi(f_n-f_m)T}\mathrm{sinc}[\pi(f_n-f_m)T] \tag{6-32}$$

因此,为使 C_m 和 C_n 正交,$\Delta f = |f_m - f_n| = 1/T$。

令 $\Delta f = |f_m - f_n| = n/T$,$n$ 取不同值时的子载波情况如图 6-64 所示。由此可见,当 $n>1$ 时,子载波正交而没有交叉;当 $n=1$,频率间隔 $\Delta f = 1/T$ 时,子载波尽管有部分交叉,但是仍然能满足正交关系,OFDM 就是选择这种情况。

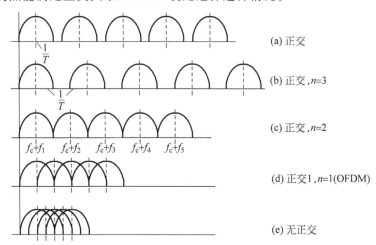

图 6-64　子载波的正交特性

例如,一个 OFDM 符号周期内有 4 个子载波,它们的特性如图 6-65 所示。

6.5.3 串行与并行

在传统串行通信系统中,连续串行传输各个数据符号,占用所有可用频带。当数据速率很高时,在频率选择性衰落信道和多径时延扩展信道中会产生严重的符号间干扰。OFDM 系统中,通过串/并转换,采用并行的方式来实现数据传输,如图 6-66 所示。

在 OFDM 系统的并行传输中,单个数据只占用整个频带的一部分,由于整个信道带

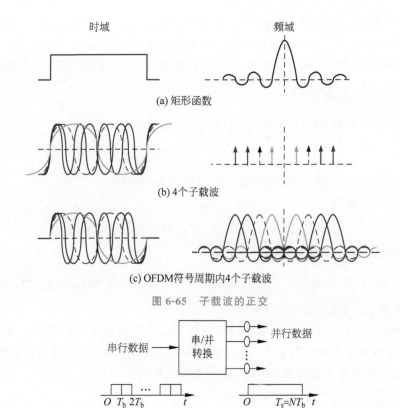

图 6-65　子载波的正交

图 6-66　串/并转换

宽被分割成多个窄带子频带,单个信道的频率响应相对较为平坦。并行传输体制提供了对抗串行传输体制频率选择性衰落的可能性。

6.5.4　调制与映射

在 OFDM 系统中,各路子载波常采用 MPSK 或 MQAM 调制方式,各路信号仅幅度和相位有变化,频谱位置和形状不变,仍能保持正交性。

例如,一个 OFDM 信号包含多个 MPSK 信号,MPSK 信号集合可表示为

$$s_i(t) = \sqrt{\frac{2E_s}{T}} \cos\left[2\pi f_c t + \frac{2\pi(i-1)}{M}\right] \quad (0 \leqslant t \leqslant T; \; i = 1, 2, \cdots, M) \quad (6\text{-}33)$$

式中:E_s 为信号每个符号的能量;T 为符号周期;f_c 是载波频率。

载波相位取 M 个相位中一个,即

$$\theta_i = \frac{2\pi(i-1)}{M}, \quad i = 1, 2, \cdots, M \quad (6\text{-}34)$$

如图 6-67 所示,以 QPSK 为例,QPSK 规定四种载波相位分别是 0、$\pi/2$、π 和 $3\pi/2$。

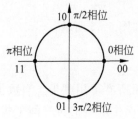

图 6-67　QPSK 相位图

6.5.5 OFDM 的 FFT 实现

OFDM 系统的工作原理如图 6-68 所示。

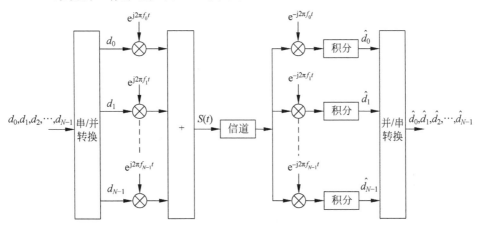

图 6-68 OFDM 系统的工作原理

N 样本序列的 N 点离散傅里叶变换（DFT），以及离散傅里叶逆变换（IDFT），定义为

$$X_{\mathrm{DFT}}[k] = \sum_{n=0}^{N-1} x[n] \cdot \mathrm{e}^{-\mathrm{j}2\pi nk/N} \tag{6-35}$$

$$x[n] = \frac{1}{N} \sum_{k=0}^{N-1} X_{\mathrm{DFT}}[k] \cdot \mathrm{e}^{\mathrm{j}2\pi nk/N} \tag{6-36}$$

频域内每个抽样点 $X_{\mathrm{DFT}}[k]$ 都是时域内所有抽样点 $x[n]$ 的线性叠加；同样，时域内每个抽样点 $x[n]$ 都是频域内所有抽样点 $X_{\mathrm{DFT}}[k]$ 的线性叠加。因此，可采用快速傅里叶变换（FFT）的办法来实现 OFDM 的调制和解调。基于 FFT 的 OFDM 系统如图 6-69 所示。

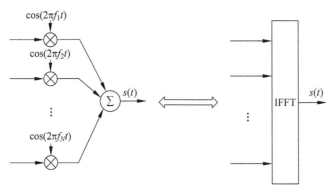

图 6-69 基于 FFT 的 OFDM 系统（IFFT 为快速傅里叶逆变换）

对于如图 6-70 的 OFDM 通信系统，通过观察通信系统信号的变化过程可以帮助理解这种通信系统究竟是怎么回事？假定输入信号 $x = [0,0,0,1,1,0,1,1,\cdots]$，看看信号在发送端经过了怎样的变化？

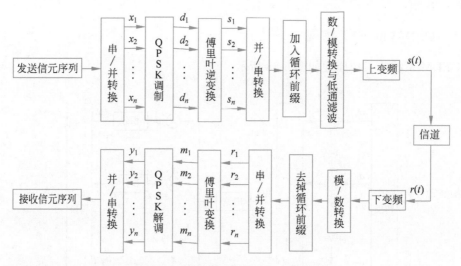

图 6-70　基于 FFT 的 OFDM 通信系统

首先是发送信号序列 x 经串/并转换变为 $x_1=[0,0]$，$x_2=[0,1]$，$x_3=[1,0]$，$x_4=[1,1]$；然后 x_1、x_2、x_3、x_4 经过 QPSK 调制分别得到 $d_1=1$，$d_2=i$，$d_3=-1$，$d_4=-i$，如图 6-71 所示。

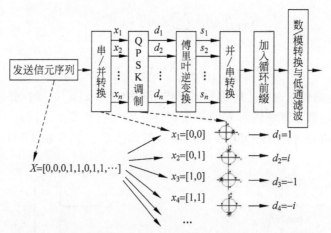

图 6-71　发送信元序列的串/并转换和分别进行的 QPSK 调制

经过傅里叶逆变换（IFFT）得到 s_1，s_2，s_3，s_4，再经过并/串转换得到 $s=[-0.09$，$-0.003-0.096i$，$\cdots$，$0.01+0.247i]$ 就是数据 DATA，如图 6-72 所示。

取 DATA 的尾部数据作为循环前缀加入到 DATA 的前部，如图 6-73 所示。

加入了循环前缀的信号最后经过数/模转换和低通滤波就得到低通滤波的信号如图 6-74 所示。

6.5.6　保护间隔和循环前缀

在 OFDM 系统中需考虑符号间干扰（ISI）和载波间干扰（ICI），ISI 就是同一子信道在连续的时间间隔为 T 的 FFT 帧之间的串扰，ICI 就是同一 FFT 帧内相邻子信道或频带间的串扰。

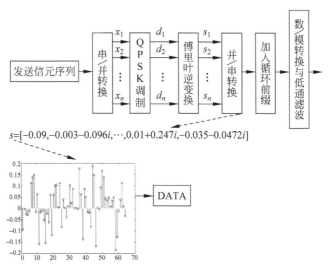

图 6-72　各 QPSK 调制结果进行傅里叶逆变换、并/串转换和组成数据 DATA

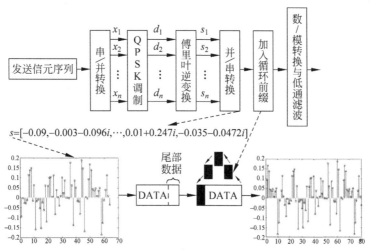

图 6-73　在数据 DATA 中加入循环前缀

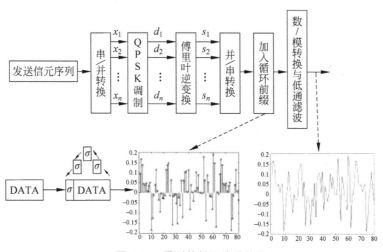

图 6-74　得到的低通滤波信号

移动通信由于多径传输,接收信号会发生时延扩展。为抑制 ISI 的影响,一般在保护间隔内填 0,保护间隔 T_g 在 OFDM 系统中用来对抗多径衰落。保护间隔要求:

$$T_g > T_{\text{delay-spread}} \tag{6-37}$$

式中:$T_{\text{delay-spread}}$ 为多径时延扩展。

OFDM 符号周期(图 6-75)包括数据帧和保护间隔,即

$$T_{\text{total}} = T + T_g \tag{6-38}$$

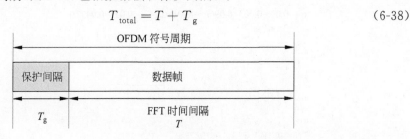

图 6-75　OFDM 符号周期

不同保护间隔的影响如图 6-76 所示,当 $T_g < T_{\text{delay-spread}}$ 时,还存在 ISI,所以必须保证 $T_g > T_{\text{delay-spread}}$。

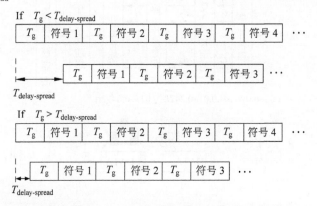

图 6-76　不同保护间隔的影响

上述情况下,虽然 ISI 得到很好抑制,但随之出现了 ICI 问题,产生 ICI 的原因是 FFT 间隔内子信道的周期数不再保持为整数。为抑制 ICI,OFDM 符号在保护间隔的构造上采用循环扩展的方式,如图 6-77 所示。这样 OFDM 符号在 FFT 处理间隔内有整数个周期。

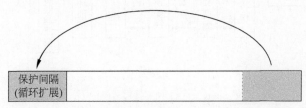

图 6-77　循环扩展

在保护间隔内填 0,延迟后的 2 号载波会对 1 号载波失去了正交性,从而形成 ICI,而

循环扩展后就没有这个问题。填 0 和循环扩展的对比如图 6-78 所示。

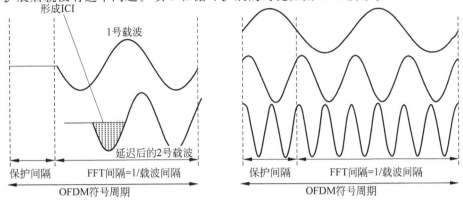

图 6-78　填 0 和循环扩展的对比

6.6　输入输出技术

输入输出技术可分为单输入单输出、单输入多输出、多输入单输出、多输入多输出等类型。

6.6.1　单输入单输出技术

单输入单输出（SISO）系统，其发射天线和接收天线之间的路径是唯一的，传输的是一路信号，如图 6-79 所示。在无线系统中，把每路信号定义为一个空间流。

图 6-79　SISO 系统示意图

由于发射天线和接收天线之间的路径是唯一的，这样的传输系统不可靠，而且传输速率会受到限制。

6.6.2　单输入多输出技术

为了改变这一局面，在终端处增加一副天线，使得接收端可以同时接收到两路信号，也就是单发多收。这样的传输系统就是单输入多输出（SIMO）系统，如图 6-80 所示。

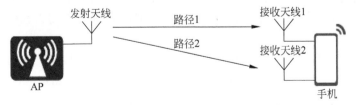

图 6-80　SIMO 系统示意图

虽然有两路信号,但这两路信号是从同一个发射天线发出的,所以发送的数据是相同的,传输的仍然只有一路信号。这样,当某一路信号有部分丢失也没关系,只要终端能从另一路信号中收到完整数据即可。虽然最大容量还是一条路径,但是可靠性提高了 1 倍,这种方式叫作接收分集。

6.6.3　多输入单输出技术

换一个思路,如果把发射天线增加到两副,接收天线还是维持一副,会有什么样的结果?

因为接收天线只有一副,所以这两路最终还是要合成一路,这就导致发射天线只能发送相同的数据,传输的还是只有一路信号。这样做其实可以达到和 SIMO 相同的效果,这种传输系统叫作多输入单输出(MISO),如图 6-81 所示,这种方式也叫发射分集。

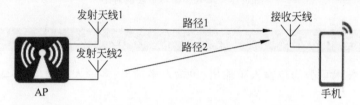

图 6-81　MISO 系统示意图

6.6.4　多输入多输出技术

如果收发天线同时增加为两副,就可以实现独立发送两路信号、速率翻倍。因为从前面对 SIMO 和 MISO 的分析来看,传输容量取决于收、发双方的天线个数。多输入多输出(MIMO)系统,如图 6-82 所示。

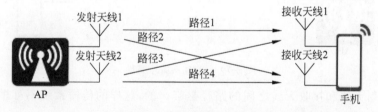

图 6-82　MIMO 系统示意图

MIMO 技术允许多副天线同时发送和接收多个信号,并能够区分发往或来自不同空间方位的信号。通过空分复用和空间分集等技术,在不增加占用带宽的情况下,提高系统容量、覆盖范围和信噪比。

无线电发送的信号被反射时会产生多份信号,每份信号都是一个空间流。使用单输入单输出系统一次只能发送或接收一个空间流。MIMO 允许多副天线同时发送和接收多个空间流,它允许天线同时传送和接收。

信道容量随着天线数量的增大而线性增大,也就是说可以利用 MIMO 信道成倍地提高无线信道容量,在不增加带宽和天线发送功率的情况下频谱利用率可以成倍地提高。利用 MIMO 技术可以提高信道的容量,同时也可以提高信道的可靠性,降低误码率。

利用 MIMO 信道可提供的空间复用增益,如图 6-83 所示。

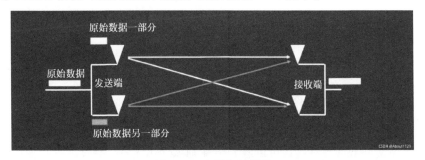

图 6-83　空间复用增益

利用 MIMO 信道还可提供的空间分集增益,如图 6-84 所示。

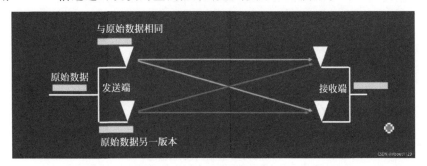

图 6-84　空间分集增益

采用 Rank 来表示传输信道相关性,只有接收端能够区分不相关的两条独立"信道",才能够实现空间复用。

Rank＝1,就是信道相关性很强,手机无法区分两路信道,只能发挥空间分集的效果。Rank＝2,说明手机能区分两路信道,可以发挥空间复用效果,接收两路数据流。

通常,多径要引起衰落,因而被视为有害因素。然而研究结果表明,对于 MIMO 系统来说,多径可以作为一个有利因素加以利用。MIMO 系统在发射端和接收端均采用多天线(或阵列天线)和多通道,MIMO 的多输入多输出是针对多径无线信道来说的。传输信息流 $s(k)$ 经过空时编码形成 N 个信息子流 $c_i(k)$,$i＝1,2,\cdots,N$。这 N 个子流由 N 个天线发射出去,经空间信道后由 M 个接收天线接收。多天线接收机利用先进的空时编码处理能够分开并解码这些数据子流,从而实现最佳的处理。

特别是,这 N 个子流同时发送到信道,各发射信号占用同一频带,因而并未增加带宽。若各发射接收天线间的通道响应独立,则多输入多输出系统可以创造多个并行空间信道。通过这些并行空间信道独立地传输信息,数据传输率必然可以提高。

6.7　仿真实验

6.7.1　多径情况下的通信系统仿真

基于 QPSK 的通信系统模型如图 6-85 所示。我们仿真二径信道,直射和反射信号

视频

的强度取不同的衰减量,对反射信号取一定的时延。

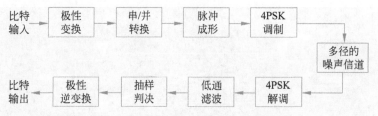

图 6-85　基于 QPSK 的通信系统模型

运行程序文件 test_6_11_1,可以看到传输前 QPSK 信号,经过二径传输的信号和再经过噪声的信道的 QPSK 信号如图 6-86 所示,可见信号遭受了信道的干扰和噪声的污染。但是,经过 QPSK 解调和低通滤波,获得的消息与发送的消息符合得很好,如图 6-87 所示。

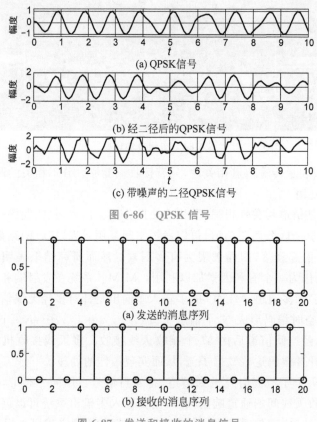

(a) QPSK信号

(b) 经二径后的QPSK信号

(c) 带噪声的二径QPSK信号

图 6-86　QPSK 信号

(a) 发送的消息序列

(b) 接收的消息序列

图 6-87　发送和接收的消息信号

6.7.2　基于正交频分复用通信系统仿真

基于 FFT 的 OFDM 通信系统模型如图 6-88 所示。

运行程序文件 test_6_11_2,可以看到,在发送端首先是输入比特[1 1 0 1 1 0]经串/并转换变和 16QAM 调制得到基带信号,经过 IFFT 变换并加入循环前缀得到 OFDM 信

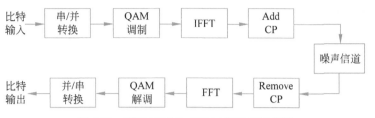

图 6-88　基于 FFT 的 OFDM 通信系统模型

号；然后经噪声信道传送到接收端，在接收端完成相反的过程；最后接收到的消息序列与发送的相同，如图 6-89 所示。

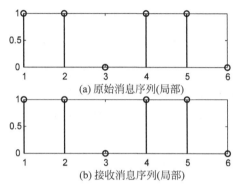

(a) 原始消息序列(局部)

(b) 接收消息序列(局部)

图 6-89　OFDM 系统消息序列的传递

在仿真模型中，信道中加入的是高斯白噪声，通过改变噪声的强度改变接收信号的 SNR，不同 SNR 通过误码率如图 6-90 所示。

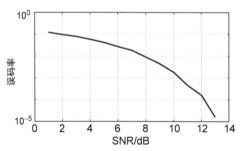

图 6-90　OFDM 通信系统性能仿真

6.7.3　基于 Polar 码的通信系统仿真

基于 Polar 码的通信系统模型如图 6-91 所示。

图 6-91　基于 Polar 码的通信系统模型

运行程序文件 test_6_11_3,可以看到,存在发送的消息序列和经噪声信道传送受到噪声干扰的情况,然而通过 Polar 码的纠错,最后接收到的消息序列与发送的相同,如图 6-92 所示;随着信道噪声干扰强度的变化,误码率的变化如图 6-93 所示,可见 Polar 码具有较好的对抗噪声的能力。

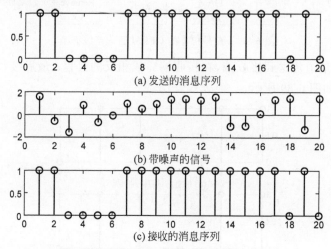

图 6-92　发送消息、带噪声的消息和接收的消息序列

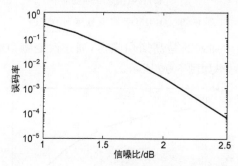

图 6-93　基于 Polar 码的通信系统性能仿真

习题

1. 以 GSM 为例说明移动通信系统由哪些功能实体组成? 各部分完成什么功能?

2. 为什么说最佳的小区形状是正六边形?

3. 移动通信系统采用了哪些抗干扰措施和安全性措施?

4. 设蜂窝网的小区辐射半径为 8km,根据同频干扰抑制的要求,相邻同频道小区距离应大于 32km,求该区群信道数。

5. 移动通信中,为什么多径效应会引起频率选择性衰落? 采用什么技术可以克服这种问题?

第

7 章

现代通信系统发展趋势

【要求】

①了解现代的光通信系统；②了解现代的卫星通信系统；③了解微波光子技术；④了解6G移动通信。

本章从光通信、卫星通信和移动通信三方面介绍现代通信中正在讨论的关键技术，从而阐明现代通信的发展趋势。

7.1　引言

视频

表7-1给出了通信技术演化过程中出现的五种传输介质的频谱范围、最小误码率和中继距离，这些数据描述了五类通信系统的性能。其中，微波通信、卫星通信和光纤通信表现出较高水准，尤其是卫星通信有近40000km的超远中继距离，而光纤通信在超过6000km的中继距离下还能获得10^{-11}的超低误码率。

表7-1　五种传输介质

传输介质	频谱范围	最小误码率	中继距离
双绞线	1MHz	10^{-5}	2km
同轴电缆	1GHz	$10^{-9} \sim 10^{-7}$	2.5km
微波	100GHz	10^{-9}	50km
卫星	100MHz	10^{-9}	36000km
光纤	75THz	$10^{-12} \sim 10^{-11}$	6400km

7.2　光通信

视频

1Tb/s的光纤信息传输速率预示着人类正在克服时间障碍，即将实现真正的实时通信。

1Tb/s的传输速率意味着在1s内可以传送20万本中等厚度的书，2亿页传真，同时传输66万场电视会议，或者2万档电视节目。一个人一生接触的信息量大约相当于200亿bit，如果充分发挥当今通信技术的优势，这些信息量不到1s就能传输完毕。

贝尔实验室利用82种不同的波长达到了3.28Tb/s的传输速率，有的实验室的演示竟然达到10Tb/s。只要计算机的处理速度能跟得上这一传输速率，美国国会图书馆的2400万册藏书大约18s就可以全部传送出去。

当前，光纤通信正稳步发展，通过突破光交换、光孤子通信、相干光通信技术、光时分复用技术和波长变换技术，实现全光网络，如图7-1所示。

目前，利用光频作为载波的无线通信方式——LiFi，是无线通信最重要的发展趋势之一，如图7-2所示。由于使用光线而不是无线电波，这种通信技术与Wi-Fi不同，可用于飞机、医疗中心，甚至水下浅层。此外，与传统白炽灯相比，LED消耗的能量要少得多，因而将LiFi归类为"绿色"创新。

未来几年，LiFi的出现可以取代WiFi。LiFi使用在高频电压下工作的LED，并为数据传输创建双向通道作为接入点。

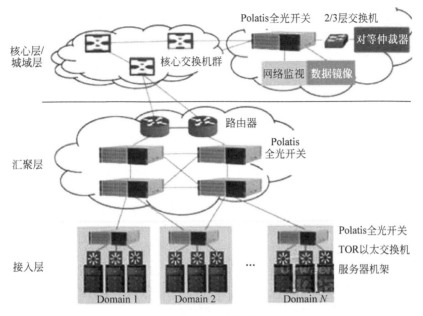

图 7-1　全光网络

图 7-2　LiFi

7.3　卫星通信

视频

　　微波通信具有容量大、投资费用少、建设速度快、抗灾能力强等优点,在现代通信网中具有独特的地位。微波通信系统延伸到天上后就是卫星通信系统。

　　卫星通信正在开发更高的频段、多波束天线和星上处理等技术,增加卫星通信容量,补充移动卫星通信的覆盖盲区。图 7-3 是火星图像。

　　在卫星通信中用激光取代微波,称为卫星激光通信,如图 7-4 所示。美国 NASA 进行的火星全球勘测(MGS)任务,已传回数百太比特的数据,由于受到通信容量能力的限制,仅能绘制火星表面的很少部分。2013 年,美国开展了月球激光通信演示(LLCD)项目,从月球轨道与地球地面站进行了激光双向通信,最大下行速率 622Mb/s,最大上行速率 20Mb/s,最远通信距离近 40 万 km。

图 7-3　火星图像

图 7-4　卫星激光通信

　　太赫兹通信是星间通信新型技术(图 7-5),相较于激光通信,太赫兹通信易对准、小型化,可全天时全天候工作,适合星间高速通信及数据传输。图 7-5 是首次通过太赫兹多路复用器传输两个实时视频信号,实现了 50Gb/s 的传输速率。

　　当前,马斯克的"Starlink 计划"是通信领域的一大热点。SpaceX 将部署一万多颗卫星,让这些卫星在离地面 500km 左右的近地轨道上运行,为稀疏、中等稀疏和相对低密度的区域提供低延迟、高带宽的互联网访问,如图 7-6 所示。

图 7-5　太赫兹通信

图 7-6　Starlink 计划

　　自 2018 年以来,星链网络已经向近地轨道发射了 4000 多颗卫星,目前已覆盖全球30 多个国家。2019 年,根据美国网友的测试,当时最快的下载速度达到了 60.24Mb/s,最慢的下载速度为 35.49Mb/s;上传速度则为 4.58~17.70Mb/s;而延迟则为 31~94ms,多数时候在 50ms 以下。

视频

7.4　微波光子技术

　　微波通信的特点是可以在任意方向上发射,易于构建和重构,传输成本低,有传输损耗,对人体有电磁辐射。光纤通信的特点是光纤体积和质量小、超宽带、低损耗、抗电磁干扰,但移动性不足。

　　微波光子学是一门融合微波技术和光子学的新兴交叉学科,主要研究微波与光学信号的相互作用。采用微波光子技术的通信系统如图 7-7 所示。

　　用光学外差法在光域中产生微波或者毫米波信号的原理如图 7-8 所示,通过光纤探测器将两个不同波长的光信号进行拍频,在光电二极管的输出端,拍频后产生的电信号与两个光波的波长有关。

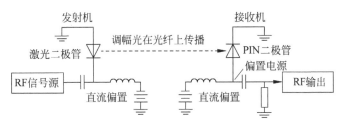

图 7-7 采用微波光子技术的通信系统

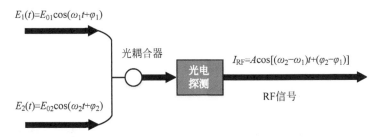

图 7-8 RF 信号产生原理

假定两个激光源为

$$E_1(t) = E_{01}\cos(\omega_1 t + \varphi_1)$$
$$E_2(t) = E_{02}\cos(\omega_2 t + \varphi_2) \tag{7-1}$$

式中：E_{01}、E_{02} 为信号的振幅；ω_1、ω_2 为角频率；φ_1、φ_2 为两列光波的相位。

从光电探测器输出的光电流为

$$I_{RF} = A\cos[(\omega_2 - \omega_1)t + (\varphi_2 - \varphi_1)] \tag{7-2}$$

式中：A 为 E_{01} 和 E_{02} 以及光电二极管灵敏度相关的常量。

从式(7-2)看出，产生的电信号的频率等于两列光信号的频率差，所以这种方法称为光外差。

光载射频(ROF)无线通信技术是将射频载波调制成光波并在光纤网络中进行传输的技术，它用于实现中心局与各个微蜂窝的天线之间信号的传送和分配，已成为宽带无线接入的一种基本技术。ROF 在移动通信系统中的应用如图 7-9 所示。

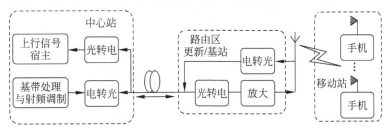

图 7-9 ROF 在移动通信系统中的应用

ROF 还可在卫星通信系统中应用，如图 7-10 所示，卫星通信的转发器是处理转发器，采用 ROF 技术产生星载微波本振信号和进行变频。

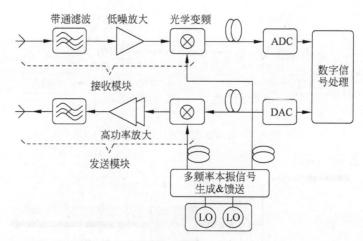

图 7-10　ROF 在卫星通信系统中的应用

视频

7.5　移动通信

　　当前,通信邻域最热门的是 5G 移动通信系统的实施。为了满足了人们高质量多媒体和更大的系统容量需求,5G 移动通信正在拓展频谱,开发认知无线电、MIMO 技术、空分多址技术、非正交多址接入技术和先进编码与调制技术。

　　6G 网络(图 7-11)可以将卫星通信整合到移动通信中,实现全球无缝覆盖,网络信号能够抵达偏远的乡村,让深处山区的病人能接受远程医疗,让孩子们能接受远程教育。此外,在全球卫星定位系统、电信卫星系统、地球图像卫星系统和 6G 地面网络的联动支持下,地空全覆盖网络还能帮助人类预测天气、快速应对自然灾害等。

图 7-11　6G 移动通信

　　6G 移动通信技术不再是简单的网络容量和传输速率的突破,它更是为了缩小数字鸿沟,实现万物互联这个"终极目标"。

参 考 文 献

[1] 李晓峰.通信原理[M].2 版.北京：清华大学出版社,2014.

[2] 樊昌信,曹丽娜,通信原理[M].7 版.北京：国防工业出版社,2012.

[3] 杨波,王元杰,周亚宁.大话通信[M].2 版.北京：人民邮电出版社,2019.

[4] 张海君,郑伟,李杰.大话移动通信[M].2 版.北京：清华大学出版社,2015.

[5] 鲜继清,张德民.现代通信系统[M].西安：西安电子科技大学出版社,2005.

[6] 赵明忠.现代通信系统导论[M].西安：西安电子科技大学出版社,2005.

[7] 王秉钧,王少勇,孙学军.通信系统[M].西安：西安电子科技大学出版社,2004.

[8] 李白萍,吴冬梅.通信原理与技术[M].北京：人民邮电出版社,2003.

[9] 孙学康,张政.微波与卫星通信[M].北京：人民邮电出版社,2002.

[10] 刘国梁,容昆璧.卫星通信[M].西安：西安电子科技大学出版社,2002.

[11] 顾畹仪,李国瑞.光纤通信系统[M].北京：北京邮电大学出版社,2006.

[12] 郭梯云,邬国扬,李建东.移动通信[M].西安：西安电子科技大学出版社,2000.

[13] Proakis J G. 现代通信系统[M].MATLAB 版.刘树棠,译.北京：电子工业出版社,2005.